Zu diesem Buch


FORTRAN 77 ist die gebräuchliche Kurzbezeichnung der American
National Standard Programming Language FORTRAN, definiert in dem
Dokument ANSI X3.9-1978 und übernommen als neue deutsche Norm DIN
66 027. Diese Sprache ist als Nachfolger für die FORTRAN-Versionen
gedacht, die auf dem ANSI-Standard X3.10-1966 basieren.


Durch die Aufnahme neuer Anweisungen zur strukturierten Programmierung, der Textverarbeitung und Dateiverwaltung wurden für FORTRAN
77 neue Anwendungsmöglichkeiten erschlossen; teilweise ergeben
diese Anweisungen auch einfachere Formulierungen, die in älteren
FORTRAN-Versionen nicht möglich sind.


In diesem Buch wurde eine vollständige Beschreibung des Sprachum-
fangs von FORTRAN 77 angestrebt. Die Erläuterung der Sprachelemente
an vielen Beispielen sollen auch Lesern mit geringen Vorkenntnissen
die Erarbeitung des "neuen" FORTRAN ermöglichen.

# Programmierung mit FORTRAN 77

Von Dr. rer. nat. Immo Kießling
Akad. Oberrat an der
Universität Göttingen

und Dipl.-Math. Martin Lowes
Wiss. Mitarbeiter an der
Universität Göttingen

4., überarbeitete
und erweiterte Auflage

B. G. Teubner Stuttgart 1987

Dr. rer. nat. Immo Kießling, akad. Oberrat

Studium der Mathematik und Physik an den Universitäten
München und Freiburg i.Br.. 1965 wissenschaftlicher
Mitarbeiter der Philips Zentrallaboratorium GmbH Hamburg.
1968 Dozent an der Staatlichen Ingenieurschule/FH Offen-
burg. Seit 1972 am Institut für Numerische und Angewandte
Mathematik der Universität Göttingen.

Dipl.-Math. Martin Lowes

Studium der Mathematik und Physik an der Universität
Göttingen, dort seit 1975 als wissenschaftlicher Angestell-
ter am Institut für Numerische und Angewandte Mathematik
mit der Durchführung von Programmierkursen beauftragt.

CIP-Kurztitelaufnahme der Deutschen Bibliothek

Kiessling, Immo:
Programmierung mit FORTRAN 77 / von Immo
Kiessling u. Martin Lowes. - 4., überarb.
u. erw. Aufl. - Stuttgart: Teubner, 1987
  (Teubner-Studienskripten ; 89 : Informatik)

ISBN-13: 978-3-519-30089-2          e-ISBN-13: 978-3-322-87210-4
DOI: 10.1007/978-3-322-87210-4

NE: Lowes, Martin ; GT



Gesamtherstellung: Druckhaus Beltz, Hemsbach/Bergstraße
Umschlaggestaltung: W. Koch, Sindelfingen

Vorwort

FORTRAN ist, verglichen mit anderen Programmiersprachen, eine sehr
"alte" und doch gleichzeitig sehr moderne Sprache: Das große Inter-
esse vieler Anwender auf der einen und die Entwicklung der techni-
schen Moglichkeiten auf der anderen Seite haben immer wieder dazu
geführt, daß neue Sprachelemente aufgenommen und vorhandene erweitert wurden. Bei einer "lebenden" Sprache wie FORTRAN ist es nur
natürlich, daß sich schnell Dialekte bilden, daß deshalb immer wieder neu allgemein gültige Regeln festgelegt werden mussen.

Die Bestrebungen nach Normierung führten 1978 nach etwa zehnjähri-
ger Arbeit zur Veröffentlichung der Norm X3.9-1978 durch das
American National Standards Institute (ANSI), durch welche die alte
Norm X3.9-1966 ersetzt wurde. Die Sprache, die die Norm beschreibt,
wird allgemein als "FORTRAN 77" bezeichnet. Sie ist in zwei Stufen
definiert: Neben dem vollen Sprachumfang gibt es einen "Subset", in
dem einige Sprachelemente ganz fehlen und andere nur eingeschränkt
vorhanden sind. Dieses Buch behandelt den vollen Sprachumfang; die
Einschränkungen sind in einem Anhang aufgeführt.

Vor allem in drei Punkten unterscheidet sich die FORTRAN 77-Norm
wesentlich von ihrer Vorgängerin:
(1) Das Konzept der Block IF-Anweisungen erlaubt die Erstellung
    strukturierter Programme.
(2) Dem zunehmenden Bedürfnis, im Rahmen numerischer Problemstel-
    lungen auch Texte zu verarbeiten, trägt die Einführung des
    neuen Datentyps CHARACTER Rechnung.
(3) Für die Dateiverwaltung, die bislang bewußt vollständig aus-
    gespart worden war, werden besondere Anweisungen zur Verfügung
    gestellt.

Die Norm legt grundsätzlich nur einen Rahmen dessen fest, was ein
"processor" akzeptieren muß, während die Einzelheiten vielfach
offen gelassen werden. So müssen "Textkonstanten" akzeptiert werden
- aus wie vielen Zeichen sie bestehen dürfen, wird nicht gesagt. In
diesem Buch sind in solchen Fällen Schranken, soweit bekannt, für
verschiedene Rechner angegeben. Verzichtet wird dagegen weitgehend

auf die Beschreibung von Erweiterungen einzelner Hersteller; diese
können dem Programmierer die Arbeit zwar gelegentlich erleichtern,
schränken jedoch gleichzeitig die Portabilität von Programmen stark
ein.

Unser Dank gilt den Firmen CDC und IBM, die freundlicherweise
Beschreibungen ihrer FORTRAN 77-Versionen zur Verfügung stellten.
Unser Dank gilt weiter der Gesellschaft für Wissenschaftliche
Datenverarbeitung Göttingen (GWDG) und dem Institut für Numerische
und Angewandte Mathematik der Universität Göttingen, auf deren Anlagen SPERRY 1100/83 bzw. VAX-11 wir die Möglichkeiten zum Testen
der Beispiele erhielten. Dem Verlag B.G.Teubner gilt unser Dank für
die verständnisvolle Zusammenarbeit.


Göttingen, Januar 1982                     Immo Kießling
                                           Martin Lowes


Vorwort zur zweiten bis vierten Auflage


Für die zweite Auflage wurde der gesamte Text überarbeitet und in
einigen Punkten erweitert. In den Anhang wurde eine Liste der Formatbeschreiber und eine Liste der Steuerparameter der Ein-/Ausgabe-
anweisungen neu aufgenommen.

Für die dritte Auflage wurde das 4. Kapitel neu geschrieben und das
9. Kapitel hinzugefügt.

In die vierte Auflage wurde eine Sprachbeschreibung durch Syntaxdiagramme zusätzlich aufgenommen.


Göttingen, Juli 1986                       Immo Kießling
                                           Martin Lowes

# 1 Einleitung

## 1.1 Einige Grundbegriffe

Ein <u>ausführbares Programm</u> besteht aus einem <u>Hauptprogramm</u> und aus beliebig vielen <u>Unterprogrammen</u>. Jedes Hauptprogramm und jedes Unterprogramm bildet für sich je eine <u>Programmeinheit</u>. Jede Programmeinheit besteht aus einer Folge von <u>Anweisungen</u>, die durch <u>Anweisungsnummern</u> gekennzeichnet sein können, und aus <u>Kommentarzeilen</u>.

Äußerlich betrachtet besteht ein ausführbares Programm aus <u>Zeilen</u>, die Ketten von <u>Zeichen</u> (<u>characters</u>) enthalten. Die Norm schreibt vor, daß der <u>FORTRAN-Zeichensatz</u> zur Verfügung stehen muß. Dieser enthält die 26 <u>Buchstaben</u>

$$A \; B \; C \; D \; E \; F \; G \; H \; I \; J \; K \; L \; M \; N \; O \; P \; Q \; R \; S \; T \; U \; V \; W \; X \; Y \; Z$$

die 10 <u>Ziffern</u>

$$0 \; 1 \; 2 \; 3 \; 4 \; 5 \; 6 \; 7 \; 8 \; 9$$

und die 13 <u>Sonderzeichen</u>

$$b \; = \; + \; - \; * \; / \; ( \; ) \; , \; . \; \$ \; ' \; :$$

wo $b$ das Leerzeichen bedeutet. Wenn keine Mißverständnisse zu befürchten sind, wird es in diesem Text auch durch eine Lücke gekennzeichnet. Das Währungszeichen \$ darf durch ein anderes Währungszeichen ersetzt sein. Im übrigen ist der FORTRAN-Zeichensatz als kleinster Durchschnitt der Zeichenvorräte der existierenden Rechner zu betrachten. Diese operieren im allgemeinen auf den wesentlich umfangreicheren Zeichenvorräten bekannter Codes wie dem <u>ASCII-Code</u>, dem <u>EBCDIC-Code</u> usw..

Eine Zeile umfaßt 72 Zeichenpositionen, numeriert durch 1,2,...,72, die als <u>Spalten</u> bezeichnet werden. Andere Zeichenpositionen sind bedeutungslos, so beispielsweise die Spalten 73 bis 80 in 80-spaltigen Lochkarten. Sie werden vom Compiler ignoriert und können daher Beliebiges enthalten.

Eine Anweisung steht in einer oder in mehreren Zeilen. Die erste Zeile enthält in Spalte 6 eines der Zeichen $b$ oder 0. Die zweite, dritte,... Zeile heißt <u>Fortsetzungszeile</u>. Eine solche ist gekenn-

zeichnet durch ein beliebiges von 0 und $b$ verschiedenes Zeichen in
Spalte 6. Dabei müssen die Spalten 1 bis 5 leer sein. Es sind bis
zu 19 Fortsetzungszeilen zulässig.

Es werden ausführbare (executable) und nicht ausführbare Anweisungen (nonexecutable statements) unterschieden. Ausführbare Anweisungen beschreiben Handlungen, die bei der Abarbeitung eines Programms
vollzogen werden. Nicht ausführbare Anweisungen enthalten Information für den Compiler, z.B. zur Organisation von Speicherplatz.

Jede Anweisung kann in den Spalten 1 bis 5 ihrer ersten Zeile durch
eine Anweisungsnummer gekennzeichnet sein. Diese besteht aus höchstens 5 Ziffern, von denen mindestens eine von 0 verschieden ist.
Leerzeichen und führende Nullen sind bedeutungslos. Eine Anweisungsnummer kann insoweit beliebig in den Spalten 1 bis 5 der ersten Zeile jeder Anweisung stehen. Anweisungsnummern ausführbarer
Anweisungen werden in diesem Buch Marken genannt. Sie können in
einigen Steueranweisungen (siehe 2.1.8, 2.3) als Sprungziele verwendet werden. Nur der Vollständigkeit halber ist hier als Ausnahme
zu vermerken, daß Marken der ausführbaren Anweisungen ELSEIF und
ELSE (siehe 3.5) nicht als Sprungziele verwendet werden dürfen.

Eine Kommentarzeile enthält eines der Zeichen C oder *(Stern) in
Spalte 1 oder nur Leerzeichen in den Spalten 1 bis 72. Steht C oder
* in Spalte 1, so können die Spalten 2 bis 72 beliebige Zeichen aus
dem Zeichenvorrat des Rechners enthalten.

Kommentarzeilen dienen nur der Dokumentation und beeinflussen ein
ausführbares Programm überhaupt nicht. Sie können daher an beliebiger Stelle in jeder Programmeinheit erscheinen, nur nicht in der
letzten: In dieser steht immer die Anweisung

                    END

Sie allein ist bereits das kürzeste aller ausführbaren Programme,
allerdings ein nicht sehr sinnvolles.

Die Anweisung END steht nicht nur immer, sondern auch ausschließlich in der letzten Zeile jeder Programmeinheit: Zum einen kennzeichnet sie für den Compiler das Ende einer Programmeinheit. Zum
anderen gehört sie zu den ausführbaren Anweisungen; ihre Ausführung

bewirkt in einem Hauptprogramm dessen Beendigung, in einem Unterprogramm eine Rückverzweigung in die übergeordnete Programmeinheit, die das Unterprogramm aufrief.

Das Wort END gibt somit anschaulich die Bedeutung einer Anweisung wieder. Es gehört zu den <u>Schlüsselwörtern</u>, die allgemein die Wirkung von Anweisungen mnemotechnisch umschreiben, wie z.B. READ, PRINT, CONTINUE, STOP, END.

Ohne auf Einzelheiten der entsprechenden Anweisungen einzugehen, kann die Form eines FORTRAN-Programms an einem kurzen selbsterklärenden Beispiel erläutert werden.

```
Spalte 1     7
       |     |
       v     v
         C Die "READ"-Anweisung liest "Konstanten" zu den
         C "Variablen" mit "Namen" A, B. Sie erhält die
         C Anweisungsnummer (Marke) 105
          105   READ *, A,B
         C Die "PRINT-"Anweisung druckt den Wert des
         C Produkts A*B bzw. "Textkonstanten". Sie erhält
         C keine Anweisungsnummer (Marke)
               PRINT *, 'a*b=',A*B,
         * Zu der PRINT-Anweisung wird eine Fortsetzungs-
         * zeile geschrieben. Der Stern in Spalte 6 kenn-
         * zeichnet die Fortsetzungszeile als solche
             *           'Das ist nur ein Beispiel'
                          E   N   D
```

Eine Anweisung steht in ihrer ersten Zeile und ggf. in ihren Fortsetzungszeilen in den Spalten 7 bis 72. Leerzeichen sind bedeutungslos, wenn sie nicht zu einer sogenannten Textkonstanten gehören, d.h., sie können eingefügt oder weggelassen werden. Sie können verwendet werden, um die Lesbarkeit eines Programms zu verbessern. Die Anweisung END muß in einer Zeile stehen. Für sie ist also keine Fortsetzungszeile zulässig.

## 1.2 Interne Darstellung von Daten, Datentypen

Die Norm nennt hinsichtlich der internen Darstellung von Daten,
d.h. der Darstellung von Daten im Speicher einer Rechenanlage, nur
Rahmenbedingungen.

Meistens werden nichtnumerische Daten aus den Zeichenvorräten des
ASCII-Code oder des EBCDIC-Code gebildet. Die Zeichen dieser Codes
sind im Anhang A wiedergegeben.

Die Norm fordert, daß ein Zeichen in einer Speichereinheit für ein
Zeichen dargestellt wird. Da der sprachliche Gebrauch dieses Be-
griffs umständlich ist, wird er in diesem Buch durch die Kurzform
Zeichenposition oder auch nur Zeichen ersetzt. Der Kontext verhin-
dert Mißverständnisse. Der ASCII-Code ist ein 7-Bit-Code, der
EBCDIC-Code ein 8-Bit-Code. Ein Zeichen umfaßt bei Verwendung die-
ser Codes mindestens 7 bzw. 8 Bits. Es können redundante Bits zur
Fehler-Erkennung oder -Korrektur vorgesehen sein.

Im Zusammenhang mit der Darstellung numerischer Daten führt FORTRAN
den Begriff der numerischen Speichereinheit ein. In diesem Buch
wird dafür die sonst übliche griffige Bezeichnung Wort gebraucht.
Es müssen unbestimmte Teilmengen der ganzen, reellen und komplexen
Zahlen zur Verfügung stehen, die intern in je einem oder in je zwei
Worten dargestellt werden. Weitere Vorschriften gibt es nicht. Et-
was anderes ist auch gar nicht möglich, weil die interne Darstel-
lung numerischer Daten stark anlagenabhängig ist. Im Rahmen dieses
Buches ist es deshalb nicht sinnvoll, Beispiele für die interne
Darstellung von Daten anzugeben.

Gebräuchliche Wortlängen sind 32, 36 oder auch 60 Bit. Von der
Wortlänge und der jeweils verwendeten Form der internen Darstellung
hängt es ab, welche Wertebereiche für numerische Daten bei einem
speziellen Rechner zur Verfügung stehen; von der Wortlänge und dem
jeweils verwendeten Code hängt es ab, wie viele Zeichenpositionen
einem Wort entsprechen.

Logische Daten kommen z.B. ins Spiel, wenn Vergleichsausdrücke wie
"5 < 1" oder "7 > 1" erscheinen. Wenn man einen solchen Ausdruck
als Aussage auffaßt, ist es naheliegend, ihm den Wahrheitswert

"wahr" oder "falsch" zu erteilen. Zur internen Darstellung dieser
Werte genügt es, ein Bit vorzusehen.

FORTRAN kennt sechs Datentypen (kurz: Typen)

    CHARACTER
    INTEGER
    REAL
    DOUBLE PRECISION
    COMPLEX
    LOGICAL

Die Zuordnung der Schlüsselwörter zu den verschiedenen Datenarten
ist selbsterklärend.

Die Datentypen ermöglichen es, zu jedem Datum die entsprechende
Vorschrift auszuwählen, welche die Abbildung zwischen dem Datum und
seiner internen Darstellung vermittelt.

Jedes INTEGER- und jedes REAL-Datum belegt je ein Wort ebenso wie
jedes LOGICAL-Datum, obwohl dafür ein Bit ausreichen würde. DOUBLE
PRECISION- und COMPLEX-Daten belegen jeweils zwei konsekutive Worte
im Hauptspeicher.

Für Größen der Typen REAL und DOUBLE PRECISION wird gelegentlich
der Sammelbegriff Gleitkomma-Größen gebraucht. Daten der Typen REAL
bzw. DOUBLE PRECISION werden manchmal als einfach- bzw. doppeltge-
naue Gleitkomma-Daten bezeichnet. Daten der Typen INTEGER, REAL,
DOUBLE PRECISION sind reellwertig.

In Erweiterung der Norm kennen manche FORTRAN-Versionen für Zahlen
weitere Datentypen, beispielsweise COMPLEX-Zahlen doppelter Länge
in FORTRAN(ASCII) von SPERRY und VAX-11 FORTRAN von DEC. Alternativ
zu den Schlüsselwörtern der Norm werden auch Schlüsselwörter gebraucht, die mit einer Längenangabe versehen sind. Diese mißt den
Speicherplatzbedarf eines Datums des jeweiligen Typs durch die entsprechende Anzahl Speichereinheiten für ein Zeichen. Man hat dann
beispielsweise folgendes:

| Norm | SPERRY, DEC |
|---|---|
| REAL | REAL*4 |
| DOUBLE PRECISION | REAL*8 |
| COMPLEX | COMPLEX*8 |
| - | COMPLEX*16 |

Bei DEC können weiter INTEGER und INTEGER*4 alternativ mit gleicher Bedeutung gebraucht werden und zusätzlich gibt es INTEGER*2, d.h. also abweichend von der Norm ganze Zahlen in einer halben numerischen Speichereinheit, oder besser gesagt, in zwei Bytes, weil die VAX-11 eine byteorientierte Maschine ist.


1.3    Formalismus zur Beschreibung von Anweisungen

Sonderzeichen des FORTRAN-Zeichensatzes, Großbuchstaben und daraus gebildete Ketten sind wie angegeben zu verwenden.

Kleinbuchstaben und daraus gebildete Ketten sind durch Größen des jeweiligen Programms zu ersetzen.

Eckige Klammern [] schließen Angaben ein, die wahlweise geschrieben oder weggelassen werden können.

Punkte ... bedeuten, daß die vorangehenden in eckige Klammern eingeschlossenen Angaben beliebig oft wiederholt werden können.

Leerzeichen dienen nur zur Verbesserung der Lesbarkeit und haben, ausgenommen in Textkonstanten, keine Bedeutung.

Beispielsweise wird die "Typanweisung" wie folgt angegeben:

        t   v[,v]...

Hierin bedeuten:

t        Datentyp INTEGER, REAL, DOUBLE PRECISION, COMPLEX oder
         LOGICAL

v        eine vom Benutzer nach bestimmten Vorschriften zu bildende
         Zeichenkette mit bestimmter Bedeutung, z.B. "Name einer
         Variablen" wie A oder B in dem Programm-Beispiel von Abschnitt 1.1

Wenn A,B "Variable" vom Typ INTEGER benennen sollen, könnte das Programm die Typanweisung

        INTEGER A,B

enthalten.


## 1.4    FORTRAN-Anweisungen

In den folgenden Tabellen werden alle FORTRAN-Anweisungen genannt.

(1) Nicht ausführbare Anweisungen

| Bezeichnung | Anweisung |
|---|---|
| Anweisungen zur Vereinbarung von Namen von Programmeinheiten und Eingangspunkten | BLOCKDATA [name]<br>ENTRY name[([p[,p]...])]<br>[t] FUNCTION name([p[,p]...])<br>PROGRAM name<br>SUBROUTINE name[([p[,p]...])] |
| | EXTERNAL name[,name]...<br>INTRINSIC name[,name]... |
| Typ- und Feldvereinbarungen | CHARACTER[*l] v[*l][,v[*l]]...<br>COMPLEX v[,v]...<br>DOUBLE PRECISION v[,v]...<br>INTEGER v[,v]...<br>LOGICAL v[,v]...<br>REAL v[,v]... |
| | IMPLICIT t(a[,a]...)[,t(a[,a]...)]... |
| | DIMENSION v(d[,d]...)[,v(d[,d]...)]... |
| Anweisungen zur Speicherorganisation | COMMON [/[cb]/] vliste[,/[cb]/vliste]...<br>DATA vliste/cliste/[,vliste/cliste/]...<br>EQUIVALENCE (vliste)[,(vliste)]...<br>PARAMETER (v=e[,v=e]...)<br>SAVE [a[,a]...] |
| Formatanweisung | FORMAT([fliste]) |
| Vereinbarung von Anweisungsfunktionen | name([p[,p]...])=e |

## (2) Ausführbare Anweisungen

| Bezeichnung | Anweisung |
|---|---|
| Wertzuweisungen | $v = e$ (arithmetisch)<br>$v = e$ (logisch)<br>$v = e$ (für Texte)<br>ASSIGN n TO i |
| Sprunganweisungen | GOTO n<br>GOTO i[,(n[,n]...)]<br>GOTO (n[,n]...), i<br>IF (e) $n_-, n_o, n_+$<br><br>CALL name[(p[,p]...)]<br>RETURN [i]<br><br>END<br>PAUSE [a]<br>STOP [a] |
| Laufanweisung | DO n [,] i=e1,e2[,e3] |
| Logische und Block IF- Anweisung | IF (e) st<br><br>IF (e) THEN<br>ELSEIF (e) THEN<br>ELSE<br>ENDIF |
| Leeranweisung | CONTINUE |
| Anweisungen zum Lesen und Schreiben von Dateien | READ f [,ealiste]<br>READ(stliste) [ealiste]<br><br>PRINT f [,ealiste]<br>WRITE(stliste) [ealiste] |
| Anweisungen zur Positionierung sequentieller Dateien | BACKSPACE u<br>BACKSPACE(stliste)<br><br>ENDFILE u<br>ENDFILE(stliste)<br><br>REWIND u<br>REWIND(stliste) |
| Anweisungen zur Dateiverwaltung | CLOSE(stliste)<br>INQUIRE(stliste)<br>OPEN(stliste) |

## 1.5    Reihenfolge der Anweisungen

Die Anweisungen dürfen nicht in willkürlicher Reihenfolge in einer
Programmeinheit erscheinen. Die meisten Regeln über ihre Ordnung
können aus dem nachstehenden Schema abgelesen werden. Die Reihenfolge von Anweisungen, die durch horizontale Linien getrennt sind,
muß in jeder Programmeinheit mit der des Schemas übereinstimmen.
Zusätzliche Vorschriften gibt es für die Anweisungen PARAMETER und
ENTRY. Sie ergeben sich aus den Bedeutungen der Anweisungen und
werden daher in den Abschnitten 2.1.4 bzw. 4.5.8 angegeben.

| Kommentar-<br>zeilen | PROGRAM, FUNCTION, SUBROUTINE, BLOCKDATA | | |
| | FORMAT<br>ENTRY | PARAMETER | IMPLICIT |
| | | | Andere Spezifikations-<br>anweisungen |
| | | DATA | Anweisungsfunktionen |
| | | | ausführbare<br>Anweisungen |
| END | | | |

## 2    Grundelemente von FORTRAN

### 2.1    Arithmetische Daten und ihre Verarbeitung

### 2.1.1    Arithmetische Konstante

Die externen Darstellungen von Zahlen heißen arithmetische Konstanten; die Zahlen selbst, aufgefaßt als mathematische Objekte, sind Werte von arithmetischen Konstanten.

Die INTEGER-Konstante ist eine Kette von Ziffern, der ein positives oder negatives Vorzeichen vorangehen kann. Sie wird als ganze Dezimalzahl aufgefaßt. Die Konstante einer negativen Zahl muß natürlich das negative Vorzeichen besitzen. Konstanten positiver ganzer Zahlen dürfen das positive Vorzeichen enthalten.

Von der jeweiligen Anlage hängt es ab, welcher Abschnitt der ganzen Zahlen intern darstellbar ist und welche INTEGER-Konstanten somit zur Verfügung stehen.

Die REAL-Konstante kann in drei Formen auftreten, nämlich als

(1) Kette von Ziffern mit einem Punkt an einer beliebigen Position, d.h. der Punkt kann auch das erste oder das letzte Zeichen sein; ein positives oder negatives Vorzeichen kann vorangehen. Der Punkt hat die Bedeutung eines Dezimalpunktes.

   Beispiele:    2.    .501    -0.732    82.6537

(2) REAL-Konstante wie in (1), gefolgt von einem Exponententeil, bestehend aus dem Buchstaben E, gefolgt von einer INTEGER-Konstanten, die ein positives oder negatives Vorzeichen haben kann. Der Exponententeil bedeutet eine Zehnerpotenz. Welcher Abschnitt der ganzen Zahlen Exponent sein kann, ist anlagenabhängig.

   Beispiele:    3.2 E2    -.4731 E-03    .8265317 E2

(3) INTEGER-Konstante, gefolgt von einem Exponententeil wie in (2).

   Beispiele:    2 E1    -5 E16    22 E-8

Der Wert einer halblogarithmisch dargestellten REAL-Konstanten (Form (2) und (3)) ist das Produkt der vorangehenden Konstanten und der Zehnerpotenz, die durch den Exponententeil repräsentiert wird.

Intern wird eine REAL-Konstante in einem Wort durch eine Mantisse m und einen Exponenten z anlagenabhängig in verschiedener Weise dargestellt, so daß $m*b^z$ bis auf Rundungsfehler den Wert der Konstanten ergibt. Die Basis b ist meistens 2 oder 16.

Die Länge der Mantisse, d.h. die Anzahl ihrer Bits, beschränkt die Anzahl der Dezimalstellen, die intern dargestellt werden können. Eine externe Darstellung darf jedoch auch mehr Dezimalstellen enthalten, als intern dargestellt werden können.

Die DOUBLE PRECISION-Konstante hat eine größere Mantissenlänge als die REAL-Konstante. Damit ist diese Zahlendarstellung von größerer, nicht notwendig von doppelter, Genauigkeit. Der zulässige Zahlenbereich ist anlagenabhängig.

DOUBLE PRECISION-Konstanten gibt es in zwei Formen. Sie werden entsprechend den Formen (2) und (3) der REAL-Konstanten gebildet und von diesen dadurch unterschieden, daß im Exponententeil der Buchstabe D anstelle des Buchstabens E erscheint.

Beispiele:   1.D0    .35675D-3    100D0

Die COMPLEX-Konstante wird in der Form ( r, i) dargestellt, wo r und i REAL- oder INTEGER-Konstanten sind, die den Real- bzw. Imaginärteil der komplexen Zahl ergeben.

Beispiele:   (0.,1.)    (-38.6E-3,11.1E2)      (1,1)

Intern werden der Realteil und der Imaginärteil einer COMPLEX-Konstanten jeweils wie REAL-Konstanten dargestellt, auch wenn sie als INTEGER-Konstanten angegeben werden.

In alle arithmetischen Konstanten dürfen Leerzeichen eingestreut werden, ohne daß dies eine Bedeutung für ihren Wert hat.

Die Vorschriften für Konstanten zu nicht normgemäßen Datentypen müssen den Benutzerhandbüchern entnommen werden.

### 2.1.2    Symbolischer Name

Ein symbolischer Name (kurz: Name) ist eine Kette von höchstens 6
Buchstaben und/oder Ziffern, beginnend mit einem Buchstaben. Er
kann, außer anderen Größen, die später erklärt werden, eine Variable benennen.

### 2.1.3    Variable

Eine Variable ist ein Paar, bestehend aus einem symbolischen Namen
und einem Datentyp. Durch Aufruf des symbolischen Namens einer
Variablen wird auf ein Wort oder zwei Worte zugegriffen, welche die
interne Darstellung der zugehörigen Konstanten enthalten. Um diese
richtig deuten zu können, muß dem Compiler der entsprechende Datentyp bekannt sein. Dies begründet die obige Definition der Variablen. Wenn nichts anderes bestimmt ist, gilt: Der Typ einer Variablen ist INTEGER, wenn ihr Name mit einem der Buchstaben I, J, K,
L, M oder N beginnt, sonst REAL. Diese Vorschrift wird häufig als
Namensregel bezeichnet.

Einer Variablen kann ein Wert erteilt werden, der während der Ausführung eines Programms beliebig verändert werden kann.

Da der Begriff "symbolischer Name einer Variablen" sprachlich umständlich ist, wird im folgenden kurz Variable gesagt. Der Kontext
verhindert dabei Mißverständnisse.

### 2.1.4    Symbolische Namen von Konstanten

Symbolische Namen von Konstanten werden definiert in der Anweisung

$$\text{PARAMETER}(p= e[\,,p= e]\,...)$$

Hierin sind

p        symbolischer Name einer Konstanten
e        konstanter Ausdruck

Ein Spezialfall eines konstanten arithmetischen Ausdrucks ist eine
arithmetische Konstante. Die allgemeine Definition wird in Ab-

schnitt 2.1.6 angegeben.

Durch die PARAMETER-Anweisung wird innerhalb einer Programmeinheit
als Stellvertreter für e ein symbolischer Name eingeführt. Derselbe
Name darf nur einmal innerhalb einer Programmeinheit definiert werden.

Die PARAMETER-Anweisung ist von Vorteil, wenn der Wert des Aus-
drucks e an mehreren Stellen einer Programmeinheit benötigt wird.
Bei einer eventuellen Änderung von e muß diese dann nur in der
PARAMETER-Anweisung vorgenommen werden.

Bei der Abarbeitung eines Programms steht p immer für denselben
Wert, im Unterschied zum Namen einer Variablen.

Der "symbolische Name einer Konstanten" wird oft als benannte
Konstante bezeichnet.

Wenn für eine benannte Konstante nicht die Namensregel gelten soll,
so muß ihr Typ in einer IMPLICIT- oder Typanweisung (siehe 2.1.5)
bestimmt werden, die vor der definierenden PARAMETER-Anweisung
steht.


## 2.1.5    IMPLICIT und Typanweisung

Da durch die Namensregel nur die Typen INTEGER und REAL erfaßt werden, gibt es weitere Möglichketen der Typbestimmung.

Durch die IMPLICIT-Anweisung erfolgt eine Zuordnung von Buchstaben
zu Typen. Alle Namen, die mit einem der dort genannten Buchstaben
beginnen, sind von entsprechendem Typ. Die allgemeine Form dieser
Anweisung ist

        IMPLICIT t (a[,a]...)[,t(a[,a]...)]...

Hierin sind

t        Typ. Außer den arithmetischen Typen können auch LOGICAL
         (siehe 3) sowie CHARACTER[*l] (siehe 5.1.1) erscheinen
a        ein einzelner Buchstabe oder ein Abschnitt von Buchstaben
         des Alphabets, der durch seinen ersten und letzten Buchsta-
         ben gekennzeichnet wird, verbunden durch einen Bindestrich.

Beispielsweise ist A-H gleichbedeutend mit A,B,C,D,E,F,G,H

Die Typbestimmung durch IMPLICIT-Anweisung geht der Namensregel
vor.

Beipiel:        IMPLICIT DOUBLE PRECISION(A-H), INTEGER(P,Q)

Hier werden Namen, die mit einem der Buchstaben A,B,C,...,H beginnen, mit dem Typ DOUBLE PRECISION verbunden, Namen, die mit P oder
Q beginnen, mit dem Typ INTEGER.

In einer Programmeinheit darf mehr als eine IMPLICIT-Anweisung vorhanden sein, aber derselbe Buchstabe darf darin nicht mehrmals angesprochen werden. Übrigens sind nicht alle Namen mit einem Typ
verbunden, da es außer Daten noch andere Größen gibt. Nicht alle
Ketten von Buchstaben und Ziffern, welche die Bildungsregel für Namen erfüllen, sind Namen. Beispielsweise werden READ, PRINT, END
als Schlüsselwörter verwendet. Allerdings ist es möglich, wenn auch
nicht empfehlenswert, mit Schlüsselwörtern identische Namen zu definieren. Der Kontext ermöglicht dann dem Compiler die Unterscheidung zwischen Namen und Schlüsselwörtern.

Die Zuweisung eines Typs zu einem Namen auf Grund seines Anfangsbuchstabens kann übersteuert werden durch die _Typanweisung_

        t v[,v]...

Hierin sind

t        Typbezeichnung. Außer den arithmetischen Typen kann auch
         der Typ LOGICAL (siehe 3) erscheinen. Die Typanweisung für
         den Typ CHARACTER kann eine allgemeinere Form haben (siehe
         5.1.1)

v        Variablen, benannte Konstanten, Felder bzw. Felddefinitionen (siehe 2.4) oder Funktionen (siehe 4.2, 4.4, 4.5)

Beispiele:

        INTEGER A,B,SUMME
        DOUBLE PRECISION X,Y,Z
        COMPLEX V,W

Die PARAMETER-, IMPLICIT- und die Typanweisung gehören zu den
_Spezifikationsanweisungen_. Diese dienen u.a. der Typbestimmung und

der Speicherplatzreservierung. Sie sind nicht ausführbar und gehen allen ausführbaren Anweisungen voran. In einer Programmeinheit müssen IMPLICIT-Anweisungen allen anderen Spezifikationsanweisungen vorangehen mit Ausnahme von PARAMETER-Anweisungen, die vor oder hinter IMPLICIT-Anweisungen stehen können. Wenn jedoch der Typ einer benannten Konstanten in einer IMPLICIT-Anweisung bestimmt wird, so muß diese vor der PARAMETER-Anweisung stehen, welche die Konstante definiert.

Die Bestimmung des Typs einer Größe wird als _Vereinbarung_ bezeichnet. Später wird dieser Begriff auch allgemein im Sinne einer Definition gebraucht.


## 2.1.6    _Arithmetischer_Ausdruck_

Spezialfälle arithmetischer Ausdrücke sind arithmetische Konstanten, arithmetische Variablen, benannte arithmetische Konstanten, arithmetische Feldelemente (siehe 2.4) und Funktionen arithmetischer Typen (siehe 4).

Im allgemeinen besteht ein _arithmetischer_Ausdruck_ aus arithmetischen Operanden, arithmetischen Operatoren und Klammerpaaren. Er beschreibt eine Rechenvorschrift, durch welche ein Wert bestimmt wird.

Ein _Operand_ ist zunächst jeder der genannten Spezialfälle oder ein in Klammern gesetzter arithmetischer Ausdruck.

Es gibt folgende _arithmetische_Operatoren,_ die bekannte Operationen repräsentieren:

- ** Exponentiation
- / Division
- * Multiplikation
- - Subtraktion oder Multiplikation mit -1, d.h. Vorzeichenoperator
- + Addition oder Identität, d.h. Vorzeichenoperator

Alle diese Operatoren können binär sein, d.h. zwei Operanden verknüpfen. Sie stehen dann zwischen diesen Operanden. Als (unäre)

Vorzeichenoperatoren stehen + bzw. - vor je einem Operanden. Ein Vorzeichenoperator darf nicht unmittelbar auf einen binären Operator folgen und auch nicht auf einen vorangehenden unären Operator.

Beispiele:  -Z   A*B+C   A*(B+C)   X**(-Y)

Den Operatoren entsprechend unterscheidet man unäre und binäre Operationen.

Es ergeben sich zwei Fragen:
1. In welcher Reihenfolge werden Operationen ausgeführt, wenn mehr als ein Operator vorhanden ist? Ist beipielsweise A*B+C gleichbedeutend mit (A*B)+C oder mit A*(B+C)?
2. Wie wird verfahren, wenn Operanden von verschiedenem Typ zu verknüpfen sind?

Zu 1. Bei der Auswertung eines arithmetischen Ausdrucks wird folgende Reihenfolge eingehalten.

(1)  Ausdrücke in Klammern
(2)  Exponentiationen
(3)  Multiplikationen und Divisionen
(4)  Subtraktionen und Additionen sowie unäre Operationen

Bei ineinander geschachtelten Klammerpaaren wird der Inhalt des innersten Klammerpaares zuerst bearbeitet. Konkurrierende Operationen gleicher Stufe werden von links nach rechts ausgewertet, mit einer Ausnahme: Konkurrierende Exponentiationen werden von rechts nach links ausgewertet. Also ist A**B**C äquivalent mit A**(B**C), A+B+C äquivalent mit (A+B)+C. Man beachte, daß wegen möglicher Rundungsfehler im allgemeinen (A+B)+C $\neq$ A+(B+C) ist.

Weitere Beispiele:

        A/B+C ist gleichbedeutend mit (A/B)+C
        -A**2  "           "         " -(A**2)     (!)

Zu 2. Der Typ des Ergebnisses einer unären Operation ist mit dem Typ des Operanden identisch. Der Typ des Ergebnisses einer binären arithmetischen Operation ergibt sich aus der folgenden Tabelle, wo a den linken und b den rechten Operanden bezeichnet. In allen folgenden Tabellen wird DOUBLE als Abkürzung für DOUBLE PRECISION verwendet. Die Verknüpfung von doppeltgenauen und komplexen Operanden ist laut Norm unzulässig. Manche Compiler gestatten sie trotzdem.

| b \ a     | INTEGER | REAL    | DOUBLE | COMPLEX |
|-----------|---------|---------|--------|---------|
| INTEGER   | INTEGER | REAL    | DOUBLE | COMPLEX |
| REAL      | REAL    | REAL    | DOUBLE | COMPLEX |
| DOUBLE    | DOUBLE  | DOUBLE  | DOUBLE | -       |
| COMPLEX   | COMPLEX | COMPLEX | -      | COMPLEX |

Wenn ein Operand eines Ausdrucks nicht den Typ des Ergebnisses besitzt, wird er vor der Ausführung der Operation in diesen Typ umgewandelt. Eine Ausnahme bildet die Exponentiation mit Exponenten vom Typ INTEGER, bei der der Exponent nicht in den Typ des anderen Operanden umgewandelt wird.

Die Umwandlung einer Größe in einen anderen Typ bedeutet, daß der Wert der Größe intern dem anderen Typ entsprechend dargestellt wird. Voraussetzung ist natürlich, daß der Wert der umzuwandelnden Größe im Wertebereich des Typs liegt, in den sie umgewandelt werden soll.

Man beachte, daß bei einer Umwandlung von INTEGER-Größen Genauigkeit verlorengehen kann, da eine INTEGER-Größe i.a. aus mehr Dezimalstellen bestehen kann als die Mantisse einer REAL-Größe.

Die Verknüpfung zweier komplexer Operanden durch zwei Sterne erzeugt als Ergebnis den Hauptwert der komplexen Potenz.

Man beachte, daß das Ergebnis der Verknüpfung zweier INTEGER-Operanden vom Typ INTEGER ist, wobei ein eventueller Divisionsrest verlorengeht. Beispielsweise ergibt 1/2 also Null, -5/2 ergibt den Wert -2. Analog ergibt 2**(-1) Null. Man beachte außerdem, daß die Auswertungsregel für jeden Teilausdruck gilt: 1/2*.5 ergibt ebenfalls Null.

Wenn in einem Ausdruck a**b die Operanden reellwertig sind und a negativ ist, dann muß b vom Typ INTEGER sein.

Ein arithmetischer Ausdruck wird als konstanter arithmetischer Ausdruck bezeichnet, wenn sämtliche Operanden (benannte oder unbenannte) arithmetische Konstanten sind.

Für den Fall, daß das Ergebnis einer arithmetischen Operation ausserhalb des Bereichs der für die betreffende Anlage darstellbaren Zahlen liegt (Overflow) oder betragsmäßig kleiner als die kleinste darstellbare Gleitkomma-Zahl (Underflow) ist, macht die Norm keine Vorschrift. Dasselbe gilt für den Real- und Imaginärteil einer komplexen Zahl. Man muß dem jeweiligen Benutzerhandbuch entnehmen, wie diese Fälle behandelt werden. Denkbar ist beispielsweise beim Overflow ein Fehlerabbruch. Diese Behandlung ist nicht selbstverständlich. Mathematisch nicht definierte Operationen, wie Division durch Null, sind auch in FORTRAN nicht erlaubt.

## 2.1.7   Arithmetische Wertzuweisung

Eine mögliche Anwendung des arithmetischen Ausdrucks erfolgt in der arithmetischen Wertzuweisung (arithmetic assignment statement)

$$v = e$$

Hierin sind

v        Variable oder Feldelement (siehe 2.4) eines arithmetischen Typs

e        arithmetischer Ausdruck

Die arithmetische Wertzuweisung bewirkt, daß zunächst der Ausdruck e ausgewertet und anschließend der resultierende Wert in den Speicherplatz übertragen wird, der für v reserviert ist.

Falls der Wert, der aus e resultiert, einen anderen Typ besitzt als v, erfolgt automatisch eine Typumwandlung. Voraussetzung ist natürlich erneut, daß der umzuwandelnde Wert innerhalb des Wertebereichs des Typs liegt, in den er umgewandelt werden soll.

Automatische Typumwandlungen erfolgen in der gleichen Weise wie Typumwandlungen durch die dafür vorgesehenen inneren Standardfunktionen INT, REAL, DBLE bzw. CMPLX (siehe 4.2 und Anhang B.1). Insbesondere ist zu beachten:

(1) Wenn v reell und e komplex ist, wird der Realteil von e in v
    gespeichert, während der Imaginärteil von e verloren geht.

(2) Wenn v komplex und e reell ist, wird e im Realteil von v ge-
    speichert; der Imaginärteil von v erhält den Wert 0.

(3) überzählige Stellen werden abgeschnitten und nicht gerundet. So
    wird zum Beispiel durch

$$I=3.99$$

in der INTEGER-Variablen I der Wert 3 gespeichert. Entsprechend
werden, wenn e den Typ DOUBLE PRECISION besitzt, bei der Umwandlung überzählige Mantissenstellen abgeschnitten.


## 2.1.8 Arithmetisches IF

In einem Programm werden Anweisungen in der Reihenfolge ausgeführt,
in der sie im Programm erscheinen, wenn nicht durch eine Steueranweisung eine Verzweigung erzwungen wird.

In der arithmetischen IF-Anweisung

$$IF \ (e) \ s_-, s_0, s_+$$

sind

e            ein reellwertiger Ausdruck

$s_-, s_0, s_+$   Marken, die in derselben Programmeinheit erscheinen, in
             der die IF-Anweisung steht

Je nachdem, ob e einen Wert kleiner Null, gleich Null oder größer
Null ergibt, wird zu der durch $s_-$, $s_0$, bzw. $s_+$ gekennzeichneten Anweisung verzweigt. Die auf die arithmetische IF-Anweisung folgende
nächste ausführbare Anweisung muß durch eine Marke gekennzeichnet
sein, da sie sonst niemals erreicht werden könnte.

Besitzt e den Typ REAL oder DOUBLE PRECISION, so ist, weil Rundungsfehler auftreten können, beim Test auf Null Vorsicht geboten.

## 2.2 Das vollständige Programm

### 2.2.1 PROGRAM

Jedes Hauptprogramm kann durch einen Namen gekennzeichnet werden, indem als erste Anweisung

        PROGRAM pn

erscheint. Der Name pn ist global bezüglich des ausführbaren Programms, er darf daher mit anderen globalen Namen nicht identisch sein.

Globale Namen sind der Name des Hauptprogramms sowie die Namen von externen Prozeduren (siehe 4), benannten COMMON-Blöcken (siehe 8.1) und BLOCKDATA-Unterprogrammen (siehe 8.4).

Alle anderen Namen sind lokal, und zwar in den meisten Fällen bezüglich einer Programmeinheit, d.h. sie bezeichnen dort eindeutig bestimmte Größen wie z.B. Konstanten oder Variablen; diese Namen sind anderen Programmeinheiten nicht bekannt. Ferner gibt es Namen, die lokal bezüglich der Vereinbarung einer Anweisungsfunktion (siehe 4.4) oder lokal bezüglich eines DO-Elements in einer DATA-Anweisung (siehe 8.3) sind.

Der globale Name pn darf nicht mit einem lokalen Namen des Hauptprogramms identisch sein. Die PROGRAM-Anweisung darf auch weggelassen werden. Namen für Hauptprogramme können für Dokumentationszwecke vergeben werden.

### 2.2.2 Listengesteuerte Ein-/Ausgabe

Um Programme sinnvoll arbeiten lassen zu können, werden bequem anwendbare Anweisungen für die Übertragung von Daten zum und vom Hauptspeicher benötigt. Dafür sind besonders die Anweisungen der listengesteuerten Ein-/Ausgabe

        READ * [,ealiste]
        PRINT * [,ealiste]

(siehe 7.2) geeignet, wo ealiste Ein-/Ausgabelisten sind.

Eine Liste ist eine Aufzählung von Listenelementen, die durch Kommas getrennt sind. In einer Ein-/Ausgabeliste können genannt werden

(1) Variablen

(2) Felder oder Feldelemente (siehe 2.4)

(3) Teilketten (siehe 5.1.3)

(4) Implizite DO-Elemente (siehe 6.2.5)

Ein in einer Ein-/Ausgabeliste erscheinender Name kann mit einem beliebigem Datentyp verbunden sein.

In einer Ausgabeliste können zusätzlich arithmetische oder auch allgemeinere Ausdrücke stehen, die gewissen einschränkenden Bedingungen genügen müssen (siehe 6.2.5). Damit können auch die bereits erwähnten Textkonstanten (siehe 5.1.2) Elemente einer Ausgabeliste sein, d.h. Texte, die in Apostrophe eingeschlossen sind. Ausgegeben wird der Text ohne die begrenzenden Apostrophe der Textkonstanten. Soll ein Apostroph ausgegeben werden, so muß entsprechend in der Textkonstanten ein Paar von Apostrophen vorhanden sein. Beispiel:

```
          PRINT *, '''ein heil''ger Vogel'''
```

gibt aus

```
     'ein heil'ger Vogel'
```

Durch eine READ- bzw. PRINT-Anweisung wird jeweils mindestens ein (Daten-)Satz übertragen. Ein Eingabesatz kann beispielsweise aus den Zeichen in den 80 Spalten einer Lochkarte bestehen, ein Ausgabesatz aus den Zeichen, die eine Druckzeile bilden. Ist ein Eingabesatz erschöpft oder ein Ausgabesatz gefüllt, bevor die Ein-/Ausgabeliste abgearbeitet ist, so wird automatisch ein weiterer Satz übertragen.

Die Werte in einem Eingabesatz müssen als FORTRAN-Konstanten (siehe 2.1.1) dargestellt sein; zwischen je zwei Werten muß ein Trennzeichen stehen. Trennzeichen sind das Komma, das von beliebig vielen Leerzeichen umgeben sein darf, ein einzelnes Leerzeichen, beliebig lange Folgen von Leerzeichen, sowie, von Ausnahmen abgesehen (siehe 7.2), das Ende eines Eingabesatzes. Man beachte insbesondere, daß das Leerzeichen in Eingabesätzen ein Trennzeichen ist, daß es also, anders als innerhalb eines FORTRAN-Programms, nicht beliebig in die Zeichenfolge einer Konstanten eingeschoben werden kann.

Die Zuordnung der gelesenen Werte zu den Elementen der Eingabeliste erfolgt linear, d.h. der erste Wert wird in das erste Element der Eingabeliste übertragen, der zweite Wert in das zweite Element, usw.. Damit eine Eingabeoperation fehlerfrei ablaufen kann, muß jede Konstante denselben Typ besitzen wie das Element der Eingabeliste, in das sie übertragen wird. Ausnahme: Bei ganzzahligen Gleitkomma-Konstanten darf der Dezimalpunkt weggelassen werden.

Jede neue READ- bzw. PRINT-Anweisung beginnt einen neuen Satz, auch wenn keine Ein-/Ausgabeliste angegeben ist. Durch eine READ-Anweisung ohne Eingabeliste wird also ein Eingabesatz übergangen, durch eine PRINT-Anweisung ohne Ausgabeliste eine Leerzeile gedruckt. Falls eine READ-Anweisung nur einen Teil der Werte in einem Eingabesatz liest, gehen die restlichen Werte dieses Satzes verloren.

Über die Form der listengesteuerte Ausgabe enthält die Norm keine detaillierten Vorschriften.

Die listengesteuerte Ein-/Ausgabe ist eine zweckmäßige Erweiterung älterer FORTRAN-Versionen. Sie steht allerdings im FORTRAN-Subset (siehe Anhang E) nicht zur Verfügung.


## 2.2.3   END, STOP, PAUSE

Die Anweisung

        END

wurde schon im Abschnitt 1.1 erwähnt. Sie muß die letzte Anweisung jeder Programmeinheit sein und kommt nirgendwo sonst vor. Wird sie in einem Hauptprogramm ausgeführt, so wird das ausführbare Programm insgesamt beendet. Wird sie in einem Prozedur-Unterprogramm (siehe 4.5) ausgeführt, so wird in die rufende Programmeinheit zurückverzweigt.

Die Anweisungen STOP und PAUSE werden in dem Programm-Beispiel dieses Abschnitts nicht benötigt und hier nur der Vollständigkeit halber angegeben.

Die Ausführung der Anweisung

          STOP [n]

beendet die Ausführung des Programms. Dabei ist n eine Kette von
höchstens 5 Ziffern oder eine Textkonstante. Die Bedeutung von n
ist anlagenabhängig; beispielsweise kann n ins Ausgabeprotokoll geschrieben werden. Die Ausführung der Anweisung

          PAUSE [n]

unterbricht die Ausführung des Programms. Dabei ist n erneut eine
Kette von höchstens 5 Ziffern oder eine Textkonstante, über deren
Bedeutung die Norm nichts Bestimmtes vorgeschreibt. Durch PAUSE
kann beispielsweise einem Operateur die Anweisung zum Auflegen eines Magnetbandes gegeben werden. Dieser muß dann auch die Fortset-
zung des Programms veranlassen, was durch das Programm selbst nicht
mehr geschehen kann.


2.2.4    Ein FORTRAN-Programm als Anwendungsbeispiel


Die folgende Aufgabe ermöglicht die Anwendung der meisten der oben
erklärten Anweisungen: Es ist ein Polynom $P = a_3 x^3 + a_2 x^2 + a_1 x + a_0$ in
einem Intervall [a,b] mit einer Schrittweite $h=(b-a)/m$ zu tabellie-
ren.

Weil häufig benötigte Funktionen oft durch Polynome approximiert
werden, ist eine Rechenvorschrift, die ein Polynom mit minimalem
Aufwand auswertet, d.h. mit so wenig arithmetischen Operationen wie
möglich, von großer Bedeutung. Es kommt das Hornersche Schema
$P = ((a_3 x + a_2) x + a_1) x + a_0$ in Frage.

An dem Beispiel soll gleichzeitig das Auftreten von Rundungsfehlern
demonstriert werden. Die Koeffizienten $a_3$, $a_2$, $a_1$, $a_0$ werden dazu
so gewählt, daß das Polynom in x=1, x=2, x=3 Nullstellen hat; es
wird also $P = (x-1)(x-2)(x-3) = x^3 - 6x^2 + 11x - 6$ gesetzt. Das
Programm kann dann lauten

```
        PROGRAM POLYNO
C       Die Koeffizienten A0, A1, A2 und A3 werden in einer
C       PARAMETER-Anweisung erklärt
        PARAMETER ( A3=1., A2=-6., A1=11., A0=-6.)
C       Werte für die Intervallgrenzen a und b sowie die
C       Anzahl m der Teilintervalle werden eingelesen
        READ *, A,B,M
        H=(B-A)/M
        X=A
10      P=((A3*X+A2)*X+A1)*X+A0
        PRINT *, X,P
        X=X+H
        M=M-1
        IF (M) 11,10,10
11      END
```

Mit dem Eingabesatz

```
        0.,4.,40
```

erzeugt eine Anlage SPERRY 1100/83, die 27 Bit Mantissenlänge besitzt, folgende Ausgabe:

```
        .00000000       -6.0000000
        .10000000+000   -4.9590001
        .20000000       -4.0320000
        .30000000       -3.2130001
        .39999999       -2.4960001
        .49999999       -1.8750001
        .59999999       -1.3440000
        .69999998       -.89700013
        .79999997       -.52800006
        .89999997       -.23100013
        .99999996        .00000000
        1.0999999        .17099994
        1.1999999        .28799999
        1.2999999        .35699993
        1.3999999        .38400006
        1.4999999        .37500000
        1.5999999        .33600008
        1.6999999        .27299994
        1.7999999        .19200021
        1.8999999        .98999977-001
        1.9999999        .11920929-006
        2.0999999       -.98999977-001
        2.1999999       -.19199991
```

```
2.2999999      -.27300006
2.3999999      -.33599979
2.4999999      -.37500006
2.5999998      -.38399982
2.6999998      -.35700029
2.7999998      -.28800017
2.8999998      -.17100042
2.9999998      -.59604645-007
3.0999998       .23099917
3.1999998       .52799946
3.2999998       .89699888
3.3999998      1.3439990
3.4999998      1.8749987
3.5999998      2.4959986
3.6999998      3.2129982
3.7999998      4.0319984
3.8999998      4.9589972
3.9999998      5.9999979
```

Es fällt auf, daß die Werte von X durch Rundungsfehler verfälscht
sind. Damit sind auch die Funktionswerte mit Fehlern behaftet. Das
wird in der Tabelle besonders deutlich an den Stellen x=2 und x=3,
für die von Null verschiedene Funktionswerte errechnet werden. Der
Grund besteht darin, daß das Programm zwar logisch richtig, aber
hinsichtlich der Rundungsfehlersituationen ungünstig ist. Aus den
Eingabewerten wird eine Schrittgröße errechnet, die nicht exakt
0.1, sondern rundungsfehlerbedingt etwas kleiner ist. Dieser Rundungsfehler wird in der Anweisung X=X+H akkumuliert. Man kann sich
bemühen, ungünstige Rundungsfehlersituationen zu vermeiden, beispielsweise indem man das Programm abändert in

```
        PROGRAM POLYNO
        PARAMETER ( A3=1.,A2=-6.,A1=11.,A0=-6.)
        READ *, A,B,M
        N=M
        X=A
10      P=(( A3*X+A2)*X+A1)*X+A0
        PRINT *, X,P
        M=M-1
        X=( A*M+( N-M)*B)/N
        IF (M) 11,10,10
11      END
```

Dieselbe Anlage SPERRY 1100/83 erzeugt mit diesem Programm die Ausgabe

| | |
|---|---|
| .00000000 | -6.0000000 |
| .10000000+000 | -4.9590001 |
| .20000000 | -4.0320000 |
| .30000000 | -3.2130001 |
| .40000000 | -2.4960000 |
| .50000000 | -1.8750000 |
| .59999999 | -1.3440000 |
| .70000000 | -.89700001 |
| .80000000 | -.52800000 |
| .90000000 | -.23099995 |
| 1.0000000 | .00000000 |
| 1.1000000 | .17099994 |
| 1.2000000 | .28800005 |
| 1.3000000 | .35699993 |
| 1.4000000 | .38400000 |
| 1.5000000 | .37500000 |
| 1.6000000 | .33600003 |
| 1.7000000 | .27300000 |
| 1.8000000 | .19199985 |
| 1.9000000 | .99000037-001 |
| 2.0000000 | .00000000 |
| 2.1000000 | -.98999918-001 |
| 2.2000000 | -.19199985 |
| 2.3000000 | -.27300006 |
| 2.4000000 | -.33599979 |
| 2.5000000 | -.37500000 |
| 2.6000000 | -.38400012 |
| 2.7000000 | -.35699999 |
| 2.8000000 | -.28800017 |
| 2.9000000 | -.17099977 |
| 3.0000000 | .00000000 |
| 3.1000000 | .23099995 |
| 3.2000000 | .52800018 |
| 3.3000000 | .89699966 |
| 3.4000000 | 1.3440002 |
| 3.5000000 | 1.8750000 |
| 3.6000000 | 2.4959996 |
| 3.7000000 | 3.2129999 |
| 3.8000000 | 4.0319993 |
| 3.9000000 | 4.9590001 |
| 4.0000000 | 6.0000000 |

Hier sind fast keine Rundungsfehler mehr zu bemerken. Allerdings
verursacht das Programm zur Berechnung der Variablen X höheren Re-
chenaufwand.

2.3     <u>GOTO</u>

Die GOTO-Anweisung, von der es drei Formen gibt, ist wie die arithmetische IF-Anweisung eine Steueranweisung.

(1) Die <u>unbedingte GOTO-Anweisung</u> lautet

          GOTO s

wo s eine Marke in derselben Programmeinheit ist, in der die
GOTO-Anweisung steht. Das Programm wird mit der Anweisung, die
durch s gekennzeichnet ist, fortgesetzt.

(2) Mit der <u>berechneten GOTO-Anweisung</u> kann unter mehreren Sprung-
    zielen ausgewählt werden:

          GOTO(s[,s]...)[,]i

Es sind

s     Marken. Dieselbe Marke kann mehrmals in derselben berechne-
      ten GOTO-Anweisung stehen
i     INTEGER-Ausdruck

Die Marken werden mit 1 beginnend von links gezählt. Über den
Wert von i kann die Marke angewählt werden, bei der das Programm fortgesetzt wird. Resultiert bei der Auswertung von i ein
Wert, der kleiner als 1 oder größer als die Anzahl der angegebenen Marken ist, so bleibt die berechnete GOTO-Anweisung wirkungslos, d.h. das Programm wird mit der nachfolgenden ausführbaren Anweisung fortgesetzt.

(3) Die zugeordnete GOTO-Anweisung ermöglicht, ähnlich wie die be-
    rechnete GOTO-Anweisung, eine Auswahl zwischen verschiedenen
    Sprungzielen.

Der Ausführung einer zugeordneten GOTO-Anweisung muß in derselben Programmeinheit eine Anweisung

          ASSIGN s TO i

vorausgegangen sein, wo

s     Marke
i     INTEGER-Variable

ist. Die Marke s wird der Variablen i zugeordnet. Das darf nicht mit einer Wertzuweisung verwechselt werden, die bekanntlich die Form v=e hat.

Die zugeordnete GOTO-Anweisung lautet schließlich

        GOTO i [[,](s[,s]...)]

Hierin sind

i    Name einer INTEGER-Variablen, der zuletzt vorher in einer
     ASSIGN-Anweisung eine Marke zugewiesen wurde
s    Marken derselben Programmeinheit

Es wird mit derjenigen Anweisung fortgefahren, deren Marke in einer ASSIGN-Anweisung der Variablen mit dem Namen i zugeordnet wurde. Wenn eine Liste von Marken vorhanden ist, muß diese Marke darin enthalten sein. Wenn die Liste fehlt, ergänzt der Compiler eine Liste aller Marken der Programmeinheit.

Die zugeordnete GOTO-Anweisung ermöglicht es, in einer Programmeinheit von einer beliebigen Stelle aus zu einer Folge von Anweisungen zu verzweigen und nach deren Ausführung mit der auf die Verzweigung folgenden ausführbaren Anweisung fortzufahren.

Die wiederholt zu durchlaufenden Anweisungen bilden ein sogenanntes internes Unterprogramm, das in der Programmeinheit enthalten ist, in der es aufgerufen wird. Beispiel: Bei Anweisung 100 beginnt ein Unterprogramm für die Lösung von zwei Gleichungen mit zwei Unbekannten x, y

        a*x + b*y = c
        d*x + e*y = f

Eingabedaten sind Konstanten für a, b, c, d, e, f, für die vorausgesetzt wird, daß a*e - d*b $\neq$ 0 gilt, und daß das Gleichungssystem mit den Konstanten ausreichend konditioniert ist. Dann kann die eindeutige Lösung bis auf Rundungsfehler berechnet werden. Das Unterprogramm greift auf feste Speicherplätze für a, b, c, d, e, f zu.

        ...
        ASSIGN 1 TO I

```
        GOTO 100
1       PRINT *, 'Lösung 1: x=',X,' y=',Y
        :
        : (Verändere die Variablen A, B, C, D, E, F und
        : führ das Unterprogramm erneut aus)
        :
        ASSIGN 2 TO I
        GOTO 100
2       PRINT *, 'Lösung 2: x=',X,' y=',Y
        ...
100     DET= A*E- D*B
        X=( C*E- F*D)/ DET
        Y=( A*F- D*C)/ DET
        GOTO I
        ...
        END
```

## 2.4 Felder

Dieser Abschnitt erfaßt die arithmetischen Datentypen und auch den Typ LOGICAL (siehe 3). Für Felder des Typs CHARACTER gibt es Besonderheiten (siehe 5.1.1).

Ein Feld ist eine nichtleere, geordnete Menge von Daten, die durch einen Namen gekennzeichnet und mit einem Typ verbunden wird. Es besteht aus Feldelementen, die durch einen Index oder durch mehrere Indizes innerhalb des Feldes eindeutig gekennzeichnet werden. Beispielsweise können die Elemente von Matrizen und Vektoren zu Feldern zusammengefaßt werden.

Die Reservierung von Speicherplatz für ein Feld erfolgt, indem eine

Felddefinition

        a( d[ ,d] ...)

in einer Typanweisung, einer DIMENSION-Anweisung (siehe unten) oder einer COMMON-Anweisung (siehe 8.1) erscheint. In der Felddefinition sind

a       Name des Feldes

d        Indexbereich, der durch die untere und die obere Grenze eines Index in der Form [d1:]d2 erklärt ist, wo d1 die untere und d2 die obere Indexgrenze bezeichnet, wobei d1 $\leq$ d2 gelten muß. Fehlt d1:, so wird die untere Indexgrenze auf 1 gesetzt. Bis auf weiteres wird verlangt, daß d1 und d2 konstante INTEGER-Ausdrücke sind. Verallgemeinerungen dieser Regel werden in Abschnitt 4.5.5 angegeben.

Die Vielfachheit der Indizierung eines Feldes wird auch als Anzahl der Dimensionen eines Feldes (kurz: Dimension eines Feldes) bezeichnet. Sie kann höchstens 7 sein. Die Größe einer Dimension ist der Wert d2 - d1 + 1.

Die Größe eines Feldes ist die Anzahl seiner Feldelemente, also das Produkt der Größen der verschiedenen Dimensionen.

Die DIMENSION-Anweisung lautet

        DIMENSION a(d,[d]...)[,a(d[,d]...)]...

Beispiele:

(1)        DIMENSION A(10,20),X(10),B(10)

    reserviert 10*20=200 Speicherplätze für das Feld A, je 10 Speicherplätze für die Felder X und B. Mit der Namensregel sind die Felder vom Typ REAL.

(2)        COMPLEX C
        DIMENSION C(-10:10)

    reserviert 21 Speicherplätze für das Feld C, das den Typ COMPLEX hat. Diesen beiden Anweisungen äquivalent ist

        COMPLEX C(-10:10)

    Für die Praxis empfiehlt es sich, Felder grundsätzlich in Typanweisungen zu vereinbaren, da man dann zu jedem Feld alle Informationen an einer Stelle gesammelt vorfindet.

Der Name eines Feldelements hat die Form

        a( i[,i]...)

Hierin sind

a    Name des Feldes, zu dem das Feldelement gehört

i    Indizes in der Form von Ausdrücken vom Typ INTEGER

Der Name eines Feldes bzw. Feldelements wird im folgenden meistens kurz als Feld bzw. Feldelement bezeichnet. Die Anzahl der Indizes eines Feldelements muß gleich der Dimension des Feldes sein.

Mit Feldelementen kann man im Programm im wesentlichen wie mit Variablen des gleichen Typs arbeiten.

Beispiel:

```
REAL  A(10,10),X(10),B(10)
...
N=10
READ *,  B(N) ,A(N,N)
X(N)=B(N)/A(N,N)

...
```

Ein Feld kann auch eingelesen oder ausgegeben werden, indem sein Name in einer Ein-/Ausgabeliste ohne Indizes genannt wird. Es werden dann alle Elemente des Feldes in der Weise angesprochen, daß der erste Index beginnend mit der unteren Indexgrenze vollständig durchvariiert wird, wobei alle anderen Indizes auf ihre untere Indexgrenze gesetzt sind. Danach wird der zweite Index um 1 erhöht, der erste erneut durchvariiert usw., bis alle Indizes ihre oberen Indexgrenzen erreicht haben. Die Elemente einer Matrix werden auf diese Weise also spaltenweise angesprochen.

In der angegebenen Reihenfolge belegen die Elemente eines Feldes auch aufeinanderfolgende Worte des Hauptspeichers. Die Vorschrift, die für die Elemente eines Feldes eine lineare (in der FORTRAN-Sprechweise eindimensionale) Anordnung im Speicher vermittelt, wird als _Speicherabbildungsfunktion_ bezeichnet.

Sei die Reihenfolge der Elemente eines Feldes im Speicher durch die Platznummern 1, 2, 3,... gekennzeichnet, seien $i_1,\ldots,i_j$ die Indizes eines Feldelements, $c_1,\ldots,c_j$ die unteren, $d_1,\ldots,d_j$ die oberen Indexgrenzen des Feldes mit $j \leq 7$, $l_k = d_k - c_k + 1$ die Größe der k-ten Dimension für $k=1,\ldots,j-1$, so lautet die Speicherabbildungsfunktion in der Form des Hornerschen Schemas geschrieben

$$s(i_1,\ldots,i_j) = 1 +$$
$$i_1 - c_1 + l_1 *( i_2 - c_2 + l_2 *( \ldots + l_{j-2} *( i_{j-1} - c_{j-1} + l_{j-1} *( i_j - c_j ) \ldots )$$

Man beachte, daß die Speicherabbildungsfunktion von der oberen Indexgrenze des letzten Index, $d_j$, unabhängig ist. Nach der Abbil-
dungsvorschrift bewirkt die Anweisung

        REAL A(3,4,5)

also, daß die Elemente des Feldes A in folgender Reihenfolge im
Speicher stehen: A(1,1,1), A(2,1,1), A(3,1,1), A(1,2,1), A(2,2,1),
..., A(2,4,5) A(3,4,5). Die Eingabe kann erfolgen durch

        READ *, A

Die Festlegung der Reihenfolge, in der die Konstanten der Feldelemente angegeben werden müssen, und die Tatsache, daß alle Elemente
angesprochen werden, eine Auswahl von Teilmengen also nicht möglich
ist, schränkt die Anwendbarkeit dieser Form der Ein-/Ausgabe ein.
Implizite DO-Elemente beheben diesen Mangel (siehe 6.2.5).

Oft ist es zweckmäßig, für die Indexgrenzen benannte Konstanten anzugeben.

Beispiel: Die Dimensionierung eines zweidimensionalen Feldes ($a_{ij}$),
i=1,...,6; j=1,...,7 kann durch

        PARAMETER (M=6,N=7)
        REAL A(M,N)

erfolgen statt durch

        REAL A(6,7)

Wenn im Programm die Indexgrenzen M, N geändert werden müssen, genügt es, die Änderung in der PARAMETER-Anweisung vorzunehmen. Allerdings kann nach dieser Änderung die Neuübersetzung des FORTRAN-
Programms nicht vermieden werden. In FORTRAN ist nämlich die dynamische Feldvereinbarung unzulässig, bei der die Speicherplatzverteilung während der Ausführung eines Programms erfolgt. Deshalb
dürfen Variablen nicht als Feldgrenzen angegeben werden.

Die Indexgrenzen eines Feldes müssen so gewählt werden, daß der
maximal erforderliche Speicherplatz reserviert wird. Im Einzelfall

wird dann ggf. bei der Ausführung des Programms nur ein Teilfeld
benutzt.


2.5     DO


Die DO-Anweisung ermöglicht es, eine Folge von Anweisungen, die
Wiederholungsbereich genannt wird, beliebig oft zu durchlaufen. Vor
jedem neuen Durchlauf wird ein Parameter, die Laufvariable, geändert. Die DO-Anweisung hat die Form

$$DO \; s \; [,] \; i = e1, e2 [, e3]$$

Hierin sind

s          Marke der letzten Anweisung im Wiederholungsbereich
i          reellwertige Laufvariable
e1, e2, e3  reellwertige Ausdrücke. Sie bezeichnen in dieser Reihen-
           folge Anfangswert, Endwert und Schrittweite der Laufva-
           riablen. Fehlt e3, so ist die Schrittweite +1

Ein typisches Beispiel für die Verwendung einer DO-Anweisung ist
die Aufgabe, die Euklidische Norm eines Vektors zu berechnen:

```
        PARAMETER (N=...)
        REAL NORM,A(N)
        READ *, A
        NORM=0.
        DO 10, I=1,N
 10     NORM=NORM+A(I)**2
        NORM=NORM**.5
        PRINT *, NORM
        END
```

Die Wirkung der DO-Anweisung zusammen mit ihrem Wiederholungsbereich kann man durch das Flußdiagramm Bild 1 beschreiben.

Der Wiederholungsbereich zusammen mit der DO-Anweisung heißt DO-
Schleife. Ihre Bearbeitung wird von dem Durchlaufzähler m gesteuert. Man beachte: Wenn der Durchlaufzähler anfänglich kleiner oder
gleich Null ist, wird der Wiederholungsbereich keinmal durchlaufen.

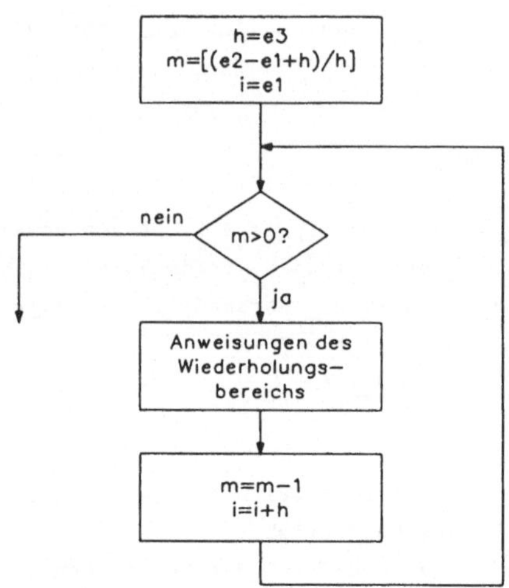

Bild 1: Abarbeitung einer DO-Schleife

In vielen alten FORTRAN-Versionen wurde m erst nach der ersten Abarbeitung des Wiederholungsbereichs getestet; wenn m anfänglich einen Wert kleiner oder gleich Null hatte, wurde der Wiederholungsbereich also trotzdem einmal durchlaufen. Dies wurde durch die neue Norm geändert.

Die Laufvariable i darf im Wiederholungsbereich nicht verändert werden. Die Ausdrücke e1, e2 und ggf. e3 werden vor der erstmaligen Ausführung des Wiederholungsbereichs ausgewertet; eine Änderung der Werte von e1, e2, e3 innerhalb des Wiederholungsbereichs hat daher keinen Einfluß auf die Anzahl der Schleifendurchläufe.

Wenn die Laufvariable i und die Schrittweite e3 nicht vom Typ INTEGER sind, können sich analog zum Beispiel in Abschnitt 2.2.4 in der Laufvariablen Rundungsfehler akkumulieren. In diesen Fällen ist also Vorsicht geboten.

Es ist klar, daß nicht unter Umgehung der DO-Anweisung in den zugehörigen Wiederholungsbereich gesprungen werden darf, da dann die

Laufvariable nicht definiert wäre. Umgekehrt darf ein Wiederholungsbereich durch eine Verzweigung verlassen werden, bevor die Schleife vollständig abgearbeitet ist. Die Laufvariable behält dann ihren momentanen Wert, wie dem Flußdiagramm Bild 1 zu entnehmen ist. Unzulässig ist es, nach dem Verlassen eines Wiederholungsbereichs durch eine weitere Verzweigung in ihn zurückzukehren; eine Ausnahme bilden nur Aufrufe von Unterprogrammen (siehe 4).

Nach normaler Beendigung einer DO-Schleife behält die Laufvariable ebenfalls den Wert, der ihr zuletzt zugewiesen wurde, so wie es in in Bild 1 dargestellt ist. Man beachte, daß das nicht der Wert ist, den die Laufvariable beim letzten Durchlauf des Wiederholungsbereichs hatte.

Die letzte Anweisung des Wiederholungsbereichs darf weder eine GOTO-, arithmetische IF-, STOP-, END- oder DO-Anweisung sein, noch eine der Anweisungen Block IF, ELSEIF, ELSE, ENDIF (siehe 3.5) oder eine RETURN-Anweisung (siehe 4.5.8). Eine logische IF-Anweisung (siehe 3.4) ist zulässig.

Schachtelung von DO-Schleifen ist zulässig, d.h ein Wiederholungsbereich kann seinerseits DO-Schleifen enthalten. Die Wiederholungsbereiche geschachtelter DO-Anweisungen können eine gemeinsame letzte ausführbare Anweisung besitzen. Die letzte Anweisung eines inneren Wiederholungsbereichs darf nicht hinter der letzten Anweisung eines ihn umfassenden äußeren Wiederholungsbereichs stehen. Wird zur gemeinsamen letzten Anweisung der Wiederholungsbereiche geschachtelter DO-Schleifen verzweigt, so wird dies als Verzweigung zum Ende des innersten Wiederholungsbereichs aufgefaßt.

Es gibt compilerabhängige Schranken für die Schachtelungstiefe. Die Norm macht hierzu keine Vorschriften.

Man kann eine n*n-Matrix nun folgendermaßen einlesen. Es sei $n \leq 20$ vorausgesetzt.

```
      PARAMETER ( NP=20)
      REAL  A( NP, NP)
      READ *, N
      DO 10, I=1, N
      DO 10, J=1, N
10    READ *, A( I, J)
      ...
```

Der Nachteil dieser Methode ist, daß mit jedem READ ein neuer Satz
angefordert wird. Die Werte für die Feldelemente müssen daher einzeln in jeweils einem Eingabesatz, bei Lochkartenverarbeitung in
einer eigenen Lochkarte, stehen. Abhilfe schaffen die schon erwähnten impliziten DO-Elemente (siehe 6.2.5).

Die DO-Anweisung wird nun in einem Programmausschnitt angewendet,
der die Lösung von sogenannten gestaffelten Gleichungssystemen

$$a_{11}x_1 + a_{12}x_2 + \ldots + a_{1n}x_n = b_1$$
$$a_{ii}x_i + \ldots + a_{in}x_n = b_i$$
$$\ldots$$
$$a_{nn}x_n = b_n$$

errechnet, wo $a_{ii} \neq 0$ für $i=1,2,\ldots,n$ und $n \geq 2$ vorausgesetzt wird. Unter dieser Voraussetzung haben die Gleichungssysteme je eine ein-
deutige Lösung, die nach dem in dem Flußdiagrammausschnitt Bild 2
angegebenen Verfahren ermittelt wird. Entsprechende FORTRAN-Anweisungen können dann lauten

```
      ...
      X( N) =B( N) / A( N, N)
      DO 10, I= N-1 ,1 ,-1
      DO 11, J= N, I+1 ,-1
11    B( I) =B( I) - A( I, J) *X( J)
10    X( I) =B( I) / A( I, I)
      ...
```

Es ist nicht erforderlich, daß die Laufvariable im Wiederholungsbereich erscheint. Sie kann ausschließlich als Zähler verwendet werden. Das Programmbeispiel POLYNO (siehe 2.2.4) kann man wie folgt

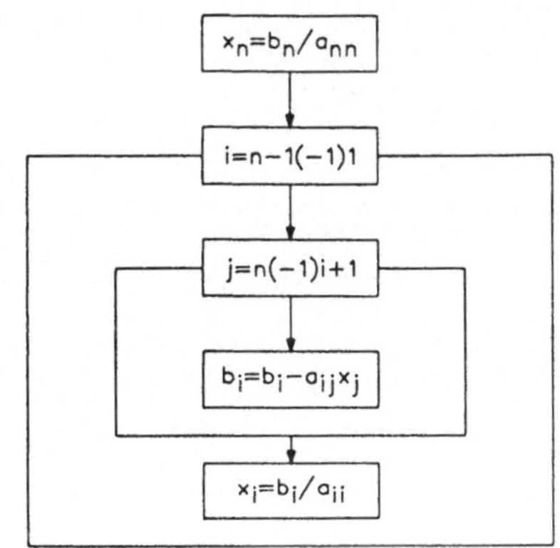

Bild 2: Lösung eines gestaffelten Gleichungssystems

umformulieren:

```
            ...
            DO 10, I=M,0,-1
            P=((A3*X+A2)*X+A1)*X+A0
            PRINT *, X,P
    10      X=X+H
            END
```

## 2.6 CONTINUE

Besonders in Verbindung mit der DO-Anweisung spielt die leere Anweisung

        CONTINUE

eine Rolle. Sie ist ausführbar und kann daher markiert werden; sie
bewirkt aber nichts. Indem man mit CONTINUE als letzter Anweisung
einen Wiederholungsbereich abschließt, kann man faktisch das Verbot
überwinden, daß dort keine GOTO-, arithmetische IF-Anweisung usw.
stehen darf.

Benötigt wird die CONTINUE-Anweisung insbesondere, wenn unter einer

Bedingung der Wiederholungsbereich einer DO-Schleife nicht vollständig abzuarbeiten ist. Beispiel: Zähl die positiven Komponenten eines Vektors.

```
        PARAMETER ( N=...)
        REAL X( N)
        ...
        J=0
        DO 10, I=1,N
        IF (X(I)) 10,10,11
 11     J= J+1
 10     CONTINUE
        ...
```

Man beachte: Wenn irgendwo im Wiederholungsbereich festgestellt wird, daß ein Durchlauf zu beenden und ggf. ein weiterer zu initiieren ist, so muß zur letzten Anweisung des Wiederholungsbereichs verzweigt werden und nicht zur zugehörigen DO-Anweisung. Ein Sprung zur DO-Anweisung würde nicht einen weiteren Durchlauf des Wiederholungsbereichs bewirken, sondern eine erneuete vollständige Abarbeitung der ganzen DO-Schleife.

# 3 Arbeiten mit Logischen Daten

Die beiden Wahrheitswerte "falsch", "wahr" werden durch die logischen Konstanten .FALSE., .TRUE. dargestellt. Die interne Darstellung eines Wahrheitswertes erfolgt nach der Norm in einem Wort, aus dem aber nur ein Bit gebraucht wird. Gewöhnlich wird das in einem Wort ganz rechts stehende Bit genommen, wobei 0 den Wert "falsch", 1 den Wert "wahr" bedeutet.

Logische Größen müssen mit einer IMPLICIT-Anweisung oder einer logischen Typanweisung

LOGICAL v[,v]...

erklärt werden (siehe auch 2.1.5).

## 3.1 Vergleichsausdrücke

Es gibt 6 Vergleichsoperatoren, die in der folgenden Tabelle zusammengestellt sind.

| Vergleichs-operator | gebräuchliches Symbol | Bedeutung |
| --- | --- | --- |
| .GT. | > | greater than |
| .GE. | $\geq$ | greater than or equal to |
| .LT. | < | less than |
| .LE. | $\leq$ | less than or equal to |
| .EQ. | = | equal to |
| .NE. | $\neq$ | not equal to |

Mit den Vergleichsoperatoren werden Vergleichsausdrücke e1 op e2 gebildet, deren Auswertung einen logischen Wert ergibt. Darin ist op ein Vergleichsoperator, sind e1 und e2 entweder beide arithmetische Ausdrücke oder Textausdrücke (siehe 5.2.1). Wenn die einem Vergleichsausdruck entsprechende Relation erfüllt ist, ist sein Wert "wahr", sonst "falsch".

Falls e1 und e2 arithmetische Ausdrücke mit unterschiedlichen Typen sind, wird vor dem Vergleich eine Typumwandlung wie vor arithmetischen Operationen (siehe 2.1.6) vorgenommen. Komplexe Ausdrücke

dürfen natürlich nur mit den Vergleichsoperatoren .EQ. und .NE. zu
Vergleichsausdrücken verknüpft werden.


## 3.2    Logischer Ausdruck

Es gibt die fünf logischen Operatoren .NOT., .AND., .OR., .EQV. und
.NEQV., für die sonst häufig die Zeichen ¬, ∧, ∨, ≡, ≢ gebraucht
werden. Repräsentieren a, b logische Werte, und wird für den Wert
"wahr" abkürzend T, für "falsch" F geschrieben, so können die durch
die logischen Operatoren vermittelten Abbildungen durch die folgenden Tabellen erklärt werden:

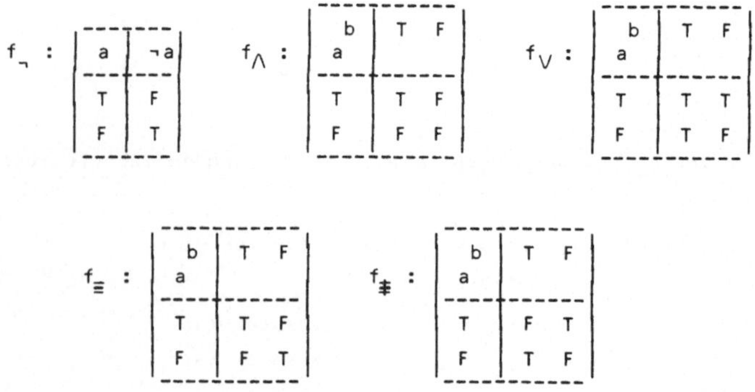

Es handelt sich also um eine unäre und vier binäre Operationen (Abbildungen, Funktionen). Sie heißen Negation (¬), Konjunktion (∧),
Disjunktion (∨), Äquivalenz (≡) und Antivalenz (≢). In der Aussa-
genlogik wird gezeigt, daß durch die drei Operationen $f_\neg$, $f_\wedge$ und
$f_\vee$ jede logische Operation $f : \{T,F\}^2 \rightarrow \{T,F\}$ dargestellt werden
kann. Im nächsten Programmbeispiel wird von dieser Tatsache Ge-
brauch gemacht werden.

Bei den logischen Operationen gibt es analog zu den arithmetischen
Vorrangregeln. Diese besagen, daß bei der Auswertung logischer Ausdrücke folgende Reihenfolge eingehalten wird:

(1)  Negationen

(2)  Konjunktionen

(3)  Disjunktionen

(4)  Äquivalenzen und Antivalenzen

In üblicher Weise können diese Regeln durch das Setzen von Klammerpaaren aufgehoben werden. Es ist klar, daß vor den logischen Ausdrücken die Vergleichsausdrücke, vor diesen arithmetische Ausdrücke
ausgewertet werden.

Ein logischer Ausdruck wird nach folgenden Regeln gebildet:

(1)  Jede logische Konstante, jede benannte logische Konstante, jede
     logische Variable, jedes logische Feldelement, jeder Aufruf ei-
     ner logischen Funktion (siehe 4) und jeder Vergleichsausdruck
     ist ein logischer Ausdruck.

(2)  e1 op e2, wo e1 und e2 logische Ausdrücke und op einer der fünf
     logischen Operatoren sind, ist logischer Ausdruck.

(3)  .NOT.e, wo e logischer Ausdruck ist, ist logischer Ausdruck,
     sofern e nicht mit .NOT. beginnt.

(4)  (e), wo e logischer Ausdruck ist, ist logischer Ausdruck.


3.3     Logische Wertzuweisung


Die Logische Wertzuweisung (logical assignment statement) lautet

$$v = e$$

Hierin sind

v        logische Variable
e        logischer Ausdruck


3.4     Logische IF-Anweisung


Durch die Logische IF-Anweisung wird die Ausführung einer einzelnen
ausführbaren Anweisung vom Wert eines logischen Ausdrucks abhängig
gemacht. Sie hat die Form

$$IF\ (e)\ st$$

Hierin sind

e        logischer Ausdruck

st       ausführbare Anweisung, aber weder eine weitere logische IF-
        Anweisung, noch eine DO- oder eine END-Anweisung und auch
        keine der Anweisungen Block IF, ELSEIF, ELSE oder ENDIF
        (siehe 3.5)

Wenn e den Wert "wahr" ergibt, wird die Anweisung st ausgeführt.
Wenn e den Wert "falsch" ergibt, wird st ignoriert und mit der auf
die logische IF-Anweisung folgenden ausführbaren Anweisung fortgefahren.


## 3.5 Block IF, ENDIF, ELSEIF, ELSE


Die Block IF-Anweisung

        IF (e) THEN

wo e ein logischer Ausdruck ist, und die Anweisung

        ENDIF

ermöglichen es, die Ausführung einer Folge von Anweisungen, die den
IF-Block bilden, vom Wert eines logischen Ausdrucks abhängig zu machen. Es sind dazu Konstruktionen der Form

        IF (e) THEN
          :
          :  (Anweisungen des IF-Blocks)
          :
        ENDIF

erforderlich.

Vor der Erklärung weiterer Einzelheiten werden diese Anweisungen
und die logische IF-Anweisung in einem Programm zu folgender Aufgabe aus dem Buch "99 Logeleien von Zweistein" angewendet: "Meiers
werden uns heute abend besuchen", kündigt Herr Müller an. "Die ganze Familie, also Herr und Frau Meier nebst ihren drei Söhnen Tim,
Kai und Uwe?" fragt Frau Müller bestürzt. Darauf Herr Müller, der
keine Gelegenheit vorübergehen läßt, seine Frau zum logischen Denken anzureizen: "Nein, ich will es dir so erklären: Wenn Vater

Meier kommt, dann bringt er seine Frau mit. Mindestens einer der
beiden Söhne Uwe oder Kai kommt. Entweder kommt Frau Meier oder
Tim. Entweder kommen Tim und Kai oder beide nicht. Und wenn Uwe
kommt, dann auch Kai und Herr Meier. So, jetzt weißt du, wer uns
heute abend besuchen wird."

Die Aussage "entweder a oder b" entspricht der Antivalenz, die Aussage "entweder a und b oder weder a noch b" der Äquivalenz. Die
Aufgabe erfordert aber auch eine Operation, die nicht unmittelbar
von FORTRAN zur Verfügung gestellt wird, nämlich die Implikation
"aus a folgt b", in Zeichen a $\Rightarrow$ b. Sie lautet in Tabellenform

$$
f_{\Rightarrow} : \quad
\begin{array}{c|cc}
 b & T & F \\
 a & & \\
\hline
 T & T & F \\
 F & T & T \\
\end{array}
$$

Eine äquivalente Definition der Implikation mit einem logischen
Ausdruck ist

$$f_{\Rightarrow}(a,b) = \neg a \vee b$$

Das Programm zu der Aufgabe führt für Meier, Frau Meier, Tim, Kai
und Uwe fünf logische Variablen ein, besetzt diese mit allen Variationen der Wahrheitswerte "wahr" und "falsch" und testet, unter
welchen Variationen Meiers Aussagen "wahr" sind. Dabei ergibt sich,
ob es eine oder keine Lösung oder mehrere Lösungen gibt. In diesem
Fall ist es eine. Tim und Kai sind zu erwarten.

```
      PROGRAM LOGIK
C     S ist eine logische Hilfsvariable, die den Wert
C     "wahr" erhält, sobald eine Lösung gefunden ist
      LOGICAL HMEIER,FMEIER,TIM,KAY,UWE,S
      S=.FALSE.
      DO 10, I=0,1
      HMEIER=I.EQ.1
      DO 10, J=0,1
      FMEIER=J.EQ.1
```

```
      DO 10, K=0,1
      TIM=K.EQ.1
      DO 10, L=0,1
      KAY=L.EQ.1
      DO 10, M=0,1
      UWE=M.EQ.1
      IF ((.NOT.HMEIER.OR.FMEIER).AND.(UWE.OR.KAY).AND.
     *    J.NE.K.AND.K.EQ.L.AND.(.NOT.UWE.OR.KAY.AND.
     *    HMEIER)) THEN
C     Hier wurden die Laufvariablen J, K, L benutzt, um
C     die Antivalenz durch J.NE.K und die Äquivalenz
C     durch K.EQ.L zu bilden
      PRINT *, 'Es sind zu erwarten'
      IF (HMEIER) PRINT *, 'Herr Meier'
      IF (FMEIER) PRINT *, 'Frau Meier'
      IF (TIM) PRINT *, 'Tim'
      IF (KAY) PRINT *, 'Kay'
      IF (UWE) PRINT *, 'Uwe'
      S=.TRUE.
      ENDIF
10    CONTINUE
      IF (.NOT.S) PRINT *, 'Keine Lösung gefunden'
      END
```

Das Programm druckt also eine Lösung aus, wenn der logische Ausdruck "wahr" ist, in den die genannten Bedingungen eingehen. Die Hilfsvariable S wird verwendet, um ggf. auf einen Widerspruch in Meiers Aussagen durch Ausgabe des Textes "Keine Lösung gefunden" hinzuweisen.

Man kommt zu einer eleganteren Lösung der Aufgaben dieses Typs für n Variablen, wenn man die Werte "falsch", "wahr" in den $2^n$ Variationen durch die Werte 0, 1 der Dualstellen einer Dualzahl $b_1...b_n$ ersetzt denkt. (In der oben angegebenen Lösung werden die Dualstellen durch die Laufvariablen I,...,M repräsentiert). Die Variablen HMEIER,...,UWE sind nun durch einen logischen Vektor zu ersetzen. Man kann schreiben

```
          LOGICAL V(5),S
          S=.FALSE.
          DO 10, I=0,31
          K=I
          DO 11, J=1,5
          V(J)=MOD(K,2).EQ.1
C         MOD bezeichnet eine innere Standardfunktion (siehe
C         4.2 und Anhang B.2). Die durch MOD(K,2) errechneten
C         Dualstellen werden sofort in logische Werte umge-
C         setzt, brauchen also nicht erst in einem INTEGER-
C         Feld gespeichert zu werden
11        K=K/2
          IF ((.NOT.V(1).OR.V(2)).AND.(V(5).OR.V(4)).AND.(V(2)
     *       .NEQV.V(3)).AND.(V(3).EQV.V(4)).AND.(.NOT.(V(5)
     *       .OR.V(4).AND.V(1)))) THEN
             :
             :  (Ausdrucken einer Lösung)
             :
          ENDIF
10        CONTINUE
          ...
```

Ohne die Anweisungen Block IF und ENDIF läßt sich die Lösung natürlich auch mit der logischen IF-Anweisung formulieren, allerdings
weniger bequem und übersichtlich:

```
          ...
          IF (.NOT.(e)) GOTO 10
             :
             :  (Ausdrucken einer Lösung)
             :
          S=.TRUE.
10        CONTINUE
          ...
```

Wenn der Ausdruck e, der Meiers Aussagen enthält, den Wert "falsch"
hat, wird also das Ausdrucken der Lösung durch GOTO 10 übersprungen.

Die Anwendung der logischen IF-Anweisung zur Lösung der Logelei
wirkt bereits etwas schwerfällig. Der Eindruck verstärkt sich, wenn

in Abhängigkeit von einem logischen Ausdruck entweder eine Anweisungsfolge A1 oder eine Anweisungsfolge A2 auszuführen ist. Im
Prinzip kann man mit Hilfe der logischen IF- und der GOTO-Anweisung
auch solche Programmstrukturen formulieren, die durch das Auftreten
mehrerer logischer Ausdrücke auf komplizierte Weise vernetzt sind,
jedoch werden solche Programme durch die vielen Sprünge unüber-
sichtlich. Die Norm hat in diesen Situationen durch Einführung der
Anweisungen Block IF, ENDIF sowie ELSEIF und ELSE Abhilfe geschaf-
fen.

Der IF-Level einer ausführbaren Anweisung st ist $n1 - n2$, wo $n1$ die
Anzahl der Block IF-Anweisungen vom Anfang der betreffenden Programmeinheit bis zur Anweisung st einschließlich, $n2$ die Anzahl der
ENDIF-Anweisungen vom Anfang der Programmeinheit bis zur Anweisung
st ausschließlich ist. Er dient dem Compiler dazu, jeder Block IF-
Anweisung ihre entsprechende ENDIF-Anweisung zuzuordnen: Diese ist
die der Block IF-Anweisung folgende nächste ENDIF-Anweisung mit
demselben IF-Level. Der maximal zulässige IF-Level ist compilerabhängig und muß den jeweiligen Handbüchern entnommen werden. Die
Norm macht hierzu keine Vorschrift.

Ein IF-Block besteht aus allen ausführbaren Anweisungen, die hinter
einer Block IF-Anweisung stehen, bis zur nächsten ELSEIF-, ELSE-
oder ENDIF-Anweisung ausschließlich, die denselben IF-Level wie die
Block IF-Anweisung hat. Ein IF-Block kann leer sein.

Wenn der logische Ausdruck e einer Block IF-Anweisung den Wert
"wahr" hat, werden die Anweisungen des IF-Blocks abgearbeitet. In
einem IF-Block können weitere Block IF-ENDIF-Konstruktionen enthalten sein. Der IF-Block darf auch durch eine Verzweigungsanweisung
verlassen werden. Wenn der IF-Block nicht durch eine Verzweigung
verlassen wurde, wird das Programm nach seiner Abarbeitung mit der
nächsten ENDIF-Anweisung fortgesetzt, die denselben IF-Level wie
die zum IF-Block gehörige IF-Anweisung besitzt. Dasselbe gilt, wenn
e "wahr" und der IF-Block leer ist.

Wenn e den Wert "falsch" hat, wird der IF-Block nicht ausgeführt,
sondern übersprungen. Auf den IF-Block muß eine ELSEIF-, ELSE- oder
ENDIF-Anweisung folgen, die denselben IF-Level wie die Block IF-An-

weisung hat. Mit dieser wird das Programm also fortgesetzt.

Eine Block IF-Anweisung kann durch eine Marke gekennzeichnet sein,
zu der verzweigt werden darf. Es ist aber verboten, unter Umgehung
der vorangehenden Block IF-Anweisung in einen IF-Block hineinzu-
springen.

Die schon genannten Anweisungen ELSEIF und ELSE haben die Form

        ELSEIF (e) THEN

wo e ein logischer Ausdruck ist, bzw.

        ELSE

Auf eine ELSEIF-Anweisung folgen die Anweisungen des ELSEIF-Blocks.
Dieser hat dieselbe Gestalt wie ein IF-Block; zu seiner Ausführung
gilt das für IF-Blöcke Gesagte entsprechend.

Eine ELSEIF-Anweisung darf zwar eine Anweisungsnummer haben, aber
es darf von keiner anderen Anweisung auf diese Bezug genommen werden. Es ist verboten, von außen unter Umgehung der zugehörigen
ELSEIF-Anweisung in einen ELSEIF-Block zu verzweigen.

Auf eine ELSE-Anweisung folgen die Anweisungen des ELSE-Blocks. Da
dieser der letzte Block einer Block IF-END IF-Konstruktion ist, muß
auf ihn eine ENDIF-Anweisung folgen, die denselben IF-Level wie die
zugehörige ELSE-Anweisung hat. Zu jeder Block IF-ENDIF-Konstruktion
darf es höchstens eine ELSE-Anweisung geben. Hinsichtlich der
Markierung der ELSE-Anweisung und der Verzweigungsverbote gilt das
Entsprechende wie bei der ELSEIF-Anweisung und dem ELSEIF-Block.

Beispiel: Das Gleichungssystem

$$a*x + b*y = c$$
$$d*y = e$$

hat eine eindeutige Lösung, wenn $a*d \neq 0$ ist. Sonst gibt es entweder keine Lösung oder unendlich viele Lösungen, wobei der Lösungsraum die Dimension 1 oder 2 im mathematischen Sinn haben kann. Mögliche Kriterien für die Fälle, in denen es keine eindeutige Lösung
gibt, weil $a*d = 0$ gilt, sind:

(1) Keine Lösung gibt es in folgenden Fällen:

- Die erste Gleichung ist widersprüchlich, d.h. es gilt
  a = b = 0 und c $\neq$ 0.
- Die zweite Gleichung ist widersprüchlich, d.h. es gilt d = 0
  und e $\neq$ 0.
- Die beiden Gleichungen sind miteinander unverträglich, d.h.
  es gilt c*d - b*e $\neq$ 0.

(2) Wenn alle Koeffizienten verschwinden, ist jedes Paar reeller
Zahlen Lösung. Die Dimension des Lösungsraumes ist 2.

(3) Wenn weder Fall 1 noch Fall 2 vorliegt, hat der Lösungsraum die
Dimension 1.

Eine Block IF-ENDIF-Konstruktion dazu kann lauten

```
      ...
      IF (A*D.NE.0) THEN
         Y= E/ D
         X=( C- B*Y)/ A
         PRINT *, 'Eindeutige Lösung, x=',X,' y=',Y
      ELSEIF ( A. EQ.0..AND.B.EQ.0..AND.C.NE.0.
     *          .OR.   D. EQ.0..AND.E.NE.0.
     *          .OR.   C*D-B*E.NE.0.) THEN
         PRINT *, 'Es gibt keine Lösung'
      ELSEIF ( A. EQ.0..AND.B. EQ.0..AND.C. EQ.0..AND.
     *          D.EQ.0..AND.E.EQ.0.) THEN
         PRINT *, 'Jedes Paar reeller Zahlen ist Lösung'
      ELSE
         PRINT *, 'Lösungsraum hat Dimension 1'
      ENDIF
      ...
```

Durch ein schematisches Beispiel soll noch darauf hingewiesen werden, daß ein Problem unterschiedlich gelöst werden kann, wobei auch die maximalen IF-Level verschieden sein können.

Angenommen, abhängig von der Anordnung dreier paarweise ungleicher Elemente a, b und c werde je einer von 6 Blöcken A1, A2,..., A6 ausgewählt gemäß der Zuordnungsvorschrift

|  Anordnung   | Block |
|--------------|-------|
| a < b < c    | A1    |
| a < c < b    | A2    |
| b < a < c    | A3    |
| b < c < a    | A4    |
| c < a < b    | A5    |
| c < b < a    | A6    |

Ein dieser Zuordnung entsprechender schematischer Ausschnitt eines
Programms kann lauten

```
                                                              IF-Level
        ...                                                      0
        IF (a.LT.b.AND.b.LT.c) THEN                              1
          ...A1...                                               1
        ELSEIF (a.LT.c.AND.c.LT.b) THEN                          1
          ...A2...                                               1
        ELSEIF (b.LT.a.AND.a.LT.c) THEN                          1
          ...A3...                                               1
        ELSEIF (b.LT.c.AND.c.LT.a) THEN                          1
          ...A4...                                               1
        ELSEIF (c.LT.a.AND.a.LT.b) THEN                          1
          ...A5...                                               1
        ELSE                                                     1
          ...A6...                                               1
        ENDIF                                                    1
        ...                                                      0
```

In einer zweiten, logisch gleichwertigen Version steigt der maximale IF-Level um eine Stufe an.

```
                                                              IF-Level
        ...                                                      0
        IF (a.LT.b.AND.a.LT.c) THEN                              1
          IF (b.LT.c) THEN                                       2
            ...A1...                                             2
          ELSE                                                   2
            ...A2...                                             2
```

```
      ENDIF                                         2
  ELSEIF (b.LT.a.AND.b.LT.c)  THEN                  1
      IF (a.LT.c)  THEN                             2
        ...A3...                                    2
      ELSE                                          2
        ...A4...                                    2
      ENDIF                                         2
  ELSE                                              1
      IF (a.LT.b)  THEN                             2
        ...A5...                                    2
      ELSE                                          2
        ...A6...                                    2
      ENDIF                                         2
  ENDIF                                             1
      ...                                           0
```

Man beachte, daß sich die beiden Versionen nicht nur formal unterscheiden, sondern daß in ihnen auch unterschiedlich viele Vergleichsausdrücke ausgewertet werden müssen, bevor einer der 6 Blöcke ausgeführt werden kann:

| Block | Anzahl der Vergleiche in | |
|-------|:-----------:|:-----------:|
|       | Version 1 | Version 2 |
| A1 | 2 | 3 |
| A2 | 4 | 3 |
| A3 | 6 | 5 |
| A4 | 8 | 5 |
| A5 | 10 | 5 |
| A6 | 10 | 5 |

# 4    Unterprogramme und Prozeduren

Als <u>Unterprogramm</u> wird in FORTRAN jede Programmeinheit bezeichnet,
die kein Hauptprogramm ist.

Eine <u>Prozedur</u> ist in FORTRAN letztlich nichts anderes als ein benannter Ausdruck oder eine benannte Folge ausführbarer Anweisungen.
Der <u>Aufruf</u> einer Prozedur veranlaßt die Berechnung des Ausdrucks
bzw. die Ausführung der Anweisungsfolge; nachdem die Prozedur abgearbeitet ist, wird das Programm gewöhnlich unmittelbar hinter dem
Aufruf fortgesetzt.

Prozeduren können von Parametern abhängen, d.h. beim Schreiben einer Prozedur wird nur der eigentliche Ablauf der Berechnung festgelegt; für welche Größen des Programms die Berechnung letztlich ausgeführt werden soll, muß erst beim Aufruf der Prozedur angegeben
werden.

Eine Prozedur kann ohne weiteres mehrfach, an verschiedenen Stellen
innerhalb eines Programms aufgerufen werden. Ein offensichtlicher
Nutzen der Prozeduren ist damit, daß durch sie der Umfang eines
Programms reduziert werden kann.

Speziell bei der Lösung umfangreicher Probleme sollte man grundsätzlich mit Unterprogrammen arbeiten:
(1) Das Problem wird in überschaubare Teilprobleme zerlegt.
(2) Die Teilprobleme werden, als Prozeduren formuliert, in Unter-
    programme übertragen, die Unterprogramme einzeln getestet.
(3) Als Rahmen wird ein Hauptprogramm geschrieben, das durch Aufruf
    der verschiedenen Prozeduren das Problem insgesamt löst.

Dieses Vorgehen hat verschiedene Vorteile:
(1) Die einzelnen Programmeinheiten bleiben überschaubar.
(2) Fehler lassen sich relativ leicht lokalisieren.
(3) Änderungen in der Problemstellung erfordern im allgemeinen nur
    Änderungen in einzelnen Unterprogrammen.
(4) Auf fertige Unterprogramme kann im Rahmen anderer Problemstel-
    lungen zurückgegriffen werden.

## 4.1    Grundbegriffe

FORTRAN kennt vier Arten von Prozeduren

(1) (innere) Standardfunktionen
(2) Anweisungsfunktionen
(3) externe Funktionen
(4) Subroutinen

und drei Arten von Unterprogrammen

(1) Funktions-Unterprogramme, bestehend aus einer oder mehreren externen Funktionen
(2) Subroutine-Unterprogramme, bestehend aus einer oder mehreren Subroutinen
(3) BLOCKDATA-Unterprogramme

Funktions- und Subroutine-Unterprogramme werden auch als Prozedur-Unterprogramme bezeichnet. BLOCKDATA-Unterprogramme bestehen nicht aus Prozeduren; sie werden gesondert in Abschnitt 8.4 behandelt.

Klassifiziert werden Prozeduren unter verschiedenen Gesichtspunkten.

## 4.1.1    Funktionen und Subroutinen

Es ist allgemein üblich, Prozeduren, deren Aufruf als Resultat genau einen Wert liefert, als Funktionen und andere Prozeduren als Subroutinen zu formulieren. Die unterschiedlichen Aufrufe legen dies nahe: Der Aufruf einer Funktion ist ein Ausdruck der Form

        f([ a[ ,a] ...])

während zum Aufruf einer Subroutine die spezielle Anweisung

        CALL sn[([ a[ ,a] ...])]

dient. Hierin sind

f        Name einer Funktion oder formaler Parameter, der für eine
         Funktion steht
sn       Name einer Subroutine oder formaler Parameter, der für eine
         Subroutine steht

a          aktueller Parameter. Welche Größen als aktuelle Parameter
           zulässig sind, wird bei der Definition der Prozedur festge-
           legt

Als Ausdrücke besitzen Funktionsaufrufe einen Typ, der durch den
Namen der Funktion festgelegt wird. Die Typfestlegung für einen
Funktionsnamen kann in der rufenden Programmeinheit, wie für eine
Variable, durch die Angabe des Namens in einer Typanweisung, nach
der Namensregel, oder durch eine IMPLICIT-Anweisung erfolgen. Be-
sondere Regeln gelten für die Typen der Aufrufe von Standardfunktionen (siehe 4.2).

Aufrufe von Subroutinen besitzen im Gegensatz zu den Funktionsaufrufen keinen Typ.


4.1.2    Interne_und_externe_Prozeduren


Interne Prozeduren werden innerhalb der Programmeinheit definiert,
in der sie aufgerufen werden sollen; umgekehrt kann eine interne
Prozedur auch nur innerhalb der Programmeinheit aufgerufen werden,
in der sie definiert ist.

Externe Prozeduren werden durch Unterprogramme definiert. Sie können aus jeder Programmeinheit eines Programms heraus aufgerufen
werden; die einzige Einschränkung ist, daß rekursive Aufrufe unzulässig sind:

(1) Direkt rekursive Aufrufe schließt bereits der Compiler aus, in-
    dem er nicht zuläßt, daß eine Prozedur sich selbst oder eine
    andere Prozedur im selben Unterprogramm aufruft.
(2) Indirekt rekursive Aufrufe der Form "Prozedur A in Unterpro-
    gramm X ruft Prozedur B in Unterprogramm Y, Prozedur B in Un-
    terprogramm Y ruft Prozedur C in Unterprogramm X" kann der Com-
    piler natürlich nicht erkennen. Sie wirken sich erst bei der
    Ausführung des Programms als schwerwiegende Fehler aus.

Die Anweisungsfunktionen sind interne Prozeduren; Subroutinen und
externe Funktionen sind externe Prozeduren.

Externe Prozeduren, die durch ein FORTRAN-Programm aufgerufen wer-

den sollen, können auch in einer anderen Programmiersprache als
FORTRAN geschrieben sein.

### 4.1.3    Abgeschlossene_und_offene_Prozeduren

Abgeschlossene und offene Prozeduren unterscheiden sich in der Art,
in der sie bzw. ihre Aufrufe vom Compiler behandelt werden.

Eine abgeschlossene Prozedur wird getrennt von der rufenden Programmeinheit gespeichert. Ihr Aufruf bewirkt einen Sprung zum Eingangspunkt der Prozedur, d.h. zu ihrer ersten ausführbaren Anweisung; die Abarbeitung endet mit einem Rücksprung, der im allgemeinen direkt hinter die Stelle des Aufrufs zurückführt.

Ganz anders werden offene Prozeduren behandelt: Der Compiler ersetzt jeden Aufruf der Prozedur durch ihre Anweisungsfolge; dadurch
werden Sprünge während der Ausführung überflüssig.

Offene Prozeduren sind die Anweisungsfunktionen und ein Teil der
inneren Standardfunktionen. Die übrigen inneren Standardfunktionen,
dazu die externen Funktionen und die Subroutinen, sind abgeschlossene Prozeduren.

Welche der inneren Standardfunktionen offene und welche abgeschlossene Prozeduren sind, kann von Rechner zu Rechner unterschiedlich
sein.

### 4.2    Innere_Standardfunktionen

Eine Reihe von Prozeduren stellt FORTRAN unter der Bezeichnung (innere) Standardfunktionen (intrinsic functions) zur Verfügung, mit
denen die Werte häufig benötigter Funktionen bequem berechnet werden können. Eine Liste aller Standardfunktionen ist in Anhang B
wiedergegeben; als aktuelle Parameter in den Aufrufen dürfen Ausdrücke der angegebenen Typen eingesetzt werden.

Als Standardfunktionen stehen sehr unterschiedliche Funktionen zur
Verfügung:

(1) Einen Teil der Funktionen könnte der Programmierer selbst nur
    mit erheblichem Zeitaufwand erstellen, etwa Prozeduren zur Aus-
    wertung der Exponentialfunktion oder der trigonometrischen
    Funktionen.

(2) Ein anderer Teil der Funktionen führt vergleichsweise simple
    Berechnungen durch. Diese Funktionen dienen teils dazu, Pro-
    gramme leichter lesbar zu machen, und teils dazu, die Fähigkei-
    ten der Rechner besser zu nutzen. So erhält man zum Beispiel
    den Rest bei der Division zweier INTEGER-Variablen I und J, den
    der Aufruf MOD(I,J) liefert, auch durch den Ausdruck I-I/J*J;
    dieser Ausdruck ist jedoch nicht nur weniger übersichtlich als
    der Funktionsaufruf, sondern in der Auswertung auch noch auf-
    wendiger: Wenn man selbst schriftlich ganze Zahlen dividiert,
    erhält man den Divisionsrest als "Abfallprodukt" gleich mit;
    wenn ein Rechner ganze Zahlen dividiert, ist das nicht anders.
    Der Aufruf der MOD-Funktion kommt entsprechend mit einer Divi-
    sion aus, während zur Auswertung des Ausdrucks drei Operationen
    auszuführen sind.

Als Beispiel wird die Aufgabe betrachtet, näherungsweise die Null-
stelle der Funktion $f(x) = x - \cos x$ zu berechnen.

Zur Lösung können viele Verfahren vorgeschlagen werden. Beispielsweise kann der Fixpunkt der Abbildung $x \mapsto \cos x$ nach den folgenden
Vorschriften gesucht werden:

(1) Gib eine Anfangsnäherung $x_0$ und eine reelle Zahl eps vor.
(2) Berechne eine verbesserte Näherung $x = \cos x_0$.
(3) Wenn $|x - x_0| > $ eps, setz $x_0 = x$ und führ Schritt 2 aus, sonst
    stop.

Bild 3 veranschaulicht das Verfahren. Es läuft auf die näherungsweise Ermittlung des Schnittpunkts der Geraden $y = x$ und der Kurve
$y = \cos x$ hinaus.

Dem Anhang B ist zu entnehmen, daß es die Funktion COS zur Berechnung eines Funktionswertes der Kosinusfunktion, die Funktion ABS
zur Ermittlung des Absolutbetrags einer Zahl gibt. Ein Programm für
die genannte Aufgabe kann lauten

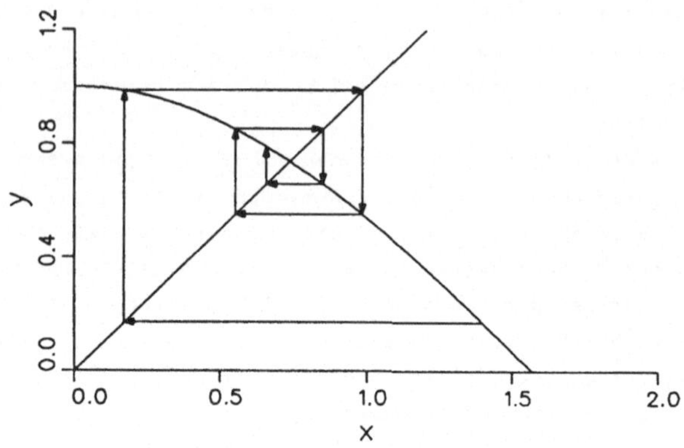

Bild 3: Nullstellen-Berechnung

```
        READ *, XO,EPS
10      X=COS(XO)
C       Zu jedem Iterationsschritt wird die verbesserte
C       Näherung ausgegeben
        PRINT *, X
        IF (ABS(X-XO).GT.EPS) THEN
           XO=X
           GOTO 10
        ENDIF
        END
```

Welchen Typ der Aufruf einer Standardfunktion hat, ist dem Compiler
bekannt, wird durch eventuelle IMPLICIT-Anweisungen nicht beeinflußt. Typanweisungen brauchen deshalb für Namen von Standardfunktionen nicht geschrieben zu werden. Ganz im Gegenteil kann die Auswahl der "richtigen" Standardfunktion in vielen Fällen dem Compiler
überlassen werden: Von vielen Funktionen gibt es verschiedene Varianten, die sich nur im Typ der Parameter und ggf. des Funktionswertes unterscheiden; zum Beispiel liefert DCOS mit einem doppeltgenauen Parameter einen doppeltgenauen und CCOS mit einem komplexen
Parameter einen komplexen Wert des Kosinus. In solchen Fällen gibt

es neben den <u>speziellen</u> <u>Namen</u> für einzelne Funktionen einen <u>Gat-</u>
<u>tungsnamen</u> als Sammelbegriff für alle Varianten. Wenn in einem Auf-
ruf ein Gattungsname verwendet wird, wählt der Compiler aufgrund
des Typs der Parameter eine der Varianten aus; zum Beispiel liefert
COS mit einem doppeltgenauen Parameter einen doppeltgenauen, mit
einem komplexen Parameter dagegen einen komplexen Wert des Kosinus.

Die Namen der Standardfunktionen sind <u>nicht</u> reserviert, d.h. es ist
ohne weiteres möglich, sie zur Benennung beliebiger anderer Größen
eines Programms zu verwenden. Dabei ist allerdings zu beachten:

(1) Stimmt der Name einer lokalen Größe einer Programmeinheit (z.B.
    der Name einer Variablen) mit dem Namen einer Standardfunktion
    überein, so kann die Standardfunktion in dieser Programmeinheit
    nicht aufgerufen werden.
(2) Stimmt der Name einer globalen Größe eines Programms (z.B. der
    Name einer Subroutine) mit dem Namen einer Standardfunktion
    überein, so kann die Standardfunktion in keiner Programmeinheit
    des Programms aufgerufen werden.


4.3   <u>Programmbibliotheken</u>

Neben den inneren Standardfunktionen steht dem Programmierer im
allgemeinen eine Vielzahl weiterer Prozeduren in Form von <u>Programm-</u>
<u>bibliotheken</u> zur Verfügung:

(1) Betriebssystem-nahe Prozeduren, zum Beispiel zum Erkennen und
    programmgesteuerten Behandeln von Überschreitungen des zulässi-
    gen Wertebereichs bei arithmetischen Operationen oder zum Er-
    fragen von Datum und Uhrzeit.
(2) Anwendungsorientierte Prozeduren, zum Beispiel zur numerischen
    Integration oder zum Sortieren großer Datenmengen.

Die Zusammenstellung dieser Bibliotheken kann natürlich von Rechner
zu Rechner sehr verschieden sein, abhängig davon, aus welchen Pro-
blemkreisen die Aufgaben stammen, die mit dem Rechner hauptsächlich
gelöst werden. Die Programmbibliotheken enthalten im allgemeinen
sowohl Funktionen als auch Subroutinen.

Auf jeden Fall sollte man, bevor man eine Prozedur zu schreiben beginnt, erst nachschlagen, ob es nicht bereits eine entsprechende Prozedur in einer Programmbibliothek gibt.

## 4.4 Anweisungsfunktionen

Anweisungsfunktionen werden innerhalb der Programmeinheit, in der sie aufgerufen werden sollen, durch eine einzige Anweisung der Form

$$f([\,d[\,,d]\ldots])=e$$

definiert. Hierin sind

f       Name der Anweisungsfunktion

d       formaler Parameter

e       Ausdruck, in dem die formalen Parameter als Operanden vorkommen müssen, der darüber hinaus auch beliebige andere Größen der Programmeinheit enthalten kann. Insbesondere darf e auch Aufrufe bereits zuvor definierter Anweisungsfunktionen enthalten

Die Definition einer Anweisungsfunktion ist eine nicht ausführbare Anweisung; sie muß hinter den Spezifikationsanweisungen und vor der ersten ausführbaren Anweisung einer Programmeinheit stehen. Man beachte: Die Definition einer Anweisungsfunktion unterscheidet sich formal im allgemeinen nicht von einer Wertzuweisung für ein Feldelement; wie der Compiler eine derartige Anweisung interpretiert, hängt davon ab, ob für den Namen eine Feldvereinbarung vorliegt oder nicht.

Als formale Parameter müssen Variablen eingesetzt werden. Diese belegen jedoch keine eigenen Speicherplätze, da sie nur als Stellvertreter für die aktuellen Parameter dienen, die beim Aufruf der Funktion eingesetzt werden. Für die formalen Parameter und ebenso für den Funktionsnamen selbst müssen nach den üblichen Regeln Typen vereinbart werden; fehlen Typ- und IMPLICIT-Anweisungen, gilt die Namensregel.

Als aktuelle Parameter beim Aufruf einer Anweisungsfunktion können Ausdrücke angegeben werden. Diese müssen in Anzahl, Reihenfolge und

Typ den formalen Parametern entsprechen. Enthält der Ausdruck e neben den formalen Parametern weitere Größen der Programmeinheit, müssen diese an der Stelle des Aufrufs definiert sein.

Nach Auswertung der aktuellen Parameter werden die resultierenden Werte anstelle der formalen Parameter in den Ausdruck e eingesetzt; danach wird dieser nach den üblichen Regeln ausgewertet, das Resultat ggf. in den Typ des Funktionsnamens umgewandelt.

Beispiele:

(1)　　　　　　　F(X,Y)=X+Y　　(Definition der Anweisungsfunktion F)

　　　　　　　...

　　　　　　　A=F(U*V,V)

　　　　　　　...

Die letztgenannte Anweisung ist gleichbedeutend mit

　　　　　　　A=U*V+V

Die Verwendung von Anweisungsfunktionen ist offensichtlich sinnvoll, wenn komplizierte Ausdrücke gleicher Bauart mit verschiedenen Operanden an verschiedenen Stellen einer Programmeinheit auftreten.

(2) Die Implikation wird durch eine Anweisungsfunktion "WENN" implementiert, und es wird eine Tabelle ausgegeben. Man beachte, daß sowohl Name der Funktion als auch formale und aktuelle Parameter in einer Typanweisung erscheinen.

```
       LOGICAL WENN,A,B,X,Y
       WENN(A,B)=.NOT.A.OR.B
       DO 10, I=0,1
       X=I.EQ.1
       DO 10, J=0,1
       Y=J.EQ.1
10     PRINT *, 'x=',X,' y=',Y,' wenn(x,y)=',WENN(X,Y)
       END
```

Die formalen Parameter werden nur zur Definition der Anweisungsfunktion benötigt. Die dafür verwendeten Namen können in anderen Anweisungen auch Variablen gleichen Typs bezeichnen.

Die Namen formaler Parameter einer Anweisungsfunktion sind also
lokal bezüglich der Definition der Anweisungsfunktion. In dem
Beispiel können daher die Namen A, B auch als aktuelle Parameter anstelle X, Y benutzt werden.

(3)

```
            REAL A(3,7)
            A1(J)=A(1,J)
            A2(J)=A(2,J)
            A3(J)=A(3,J)
            ...
```

Hier werden drei Anweisungsfunktionen A1, A2, A3 definiert, die
auf die Zeilen des Feldes A zugreifen.

(4) Die Elemente des Pascalschen Dreiecks seien durch den Zeilenin-
dex n und durch den Spaltenindex m gekennzeichnet; sie sollen
in einem eindimensionalen Feld gespeichert werden. Die Speicherabbildungsfunktion kann durch eine Anweisungsfunktion realisiert werden.

```
            PARAMETER (K=9)
      C     PAS bezeichnet das eindimensionale Feld,
      C     CAL die Speicherabbildungsfunktion
            INTEGER PAS((K+1)*(K+2)/2),CAL
            CAL(I,J)=I*(I+1)/2+J+1
            DO 10, N=0,K
            PAS(CAL(N,0))=1
            PAS(CAL(N,N))=1
            DO 10, M=1,N-1
      10    PAS(CAL(N,M))=PAS(CAL(N-1,M-1))+PAS(CAL(N-1,M))
      C     Das Pascalsche Dreieck wird mit einem impliziten
      C     DO (siehe 6.2.5) zeilenweise gedruckt
            DO 11, N=0,K
      11    PRINT *, (PAS(CAL(N,M)),M=0,N)
            END
```

## 4.5  Prozedur-Unterprogramme

### 4.5.1  Definition

Unterprogramme werden durch ihre erste Anweisung als solche gekennzeichnet. Ein Funktions-Unterprogramm beginnt mit einer Anweisung

$$[\,t\,]\ \text{FUNCTION}\ f([\,d[\,,d\,]\ldots]\,)$$

und ein Subroutine-Unterprogramm mit einer Anweisung

$$\text{SUBROUTINE}\ sn[(\,[\,d[\,,d\,]\ldots]\,)\,]$$

Hierin sind

f        Name einer externen Funktion

t        Typ der Funktion f. Neben den bisher behandelten Typen
         INTEGER, REAL, DOUBLE PRECISION, COMPLEX und LOGICAL ist
         auch der Typ CHARACTER[*l] (siehe 5.1) zugelassen.
         Die Angabe t kann weggelassen werden, wenn die Namensregel
         oder eine nachfolgende IMPLICIT-Anweisung für den Namen f
         ohnehin den Typ t ergibt; sie muß weggelassen werden, wenn
         der Name f in einer nachfolgenden Typanweisung erscheint.

sn       Name einer Subroutine

d        formaler Parameter. Für alle externen Prozeduren sind als
         formale Parameter zugelassen:
         (1) Variablen
         (2) Felder
         (3) Prozeduren
         In Subroutinen kann auch
         (4) das Zeichen *, das für eine Marke steht,
         als formaler Parameter erscheinen.

Eine Unterprogramm-Anweisung, d.h. eine FUNCTION- oder SUBROUTINE-Anweisung, kennzeichnet also nicht nur eine Programmeinheit als Unterprogramm, sondern sie legt gleichzeitig auch Eigenschaften einer externen Prozedur fest. Der Eingangspunkt dieser Prozedur ist die erste ausführbare Anweisung der Programmeinheit; durch ENTRY-Anweisungen können in einem Prozedur-Unterprogramm weitere externe Prozeduren und damit weitere Eingangspunkte erklärt werden (siehe 4.5.8).

Die letzte Anweisung in einem Unterprogramm ist eine END-Anweisung.
Sie schließt für den Compiler die Programmeinheit ab, bewirkt bei
der Ausführung den Rücksprung an die Stelle des Aufrufs.

Zwischen Unterprogramm- und END-Anweisung dürfen beliebige FORTRAN-
Anweisungen stehen, ausgenommen natürlich die Anweisungen, die Programmeinheiten kennzeichnen, also PROGRAM-, FUNCTION-, SUBROUTINE-
und BLOCKDATA-Anweisungen. Für die Reihenfolge der Anweisungen gelten die bekannten Regeln (siehe 1.5).

Insbesondere müssen für die formalen Parameter, soweit sie für Variablen, Felder oder Funktionen stehen, Typen vereinbart, für Felder außerdem Felddefinitionen geschrieben werden. Hierfür stehen
die normalen Spezifikationsanweisungen zur Verfügung; bei Fehlen
entsprechender Spezifikationsanweisungen legt der Compiler die Typen nach der Namensregel fest.

## 4.5.2    Ergebnisse externer Prozeduren

Die Namen externer Prozeduren sind globale Größen eines Programms
und dürfen entsprechend nicht mit den Namen anderer globaler Größen
übereinstimmen. Innerhalb des Unterprogramms, in dem sie erklärt
werden, gelten für die Namen von externen Funktionen und von Subroutinen verschiedene Regeln.

Der Name einer externen Funktion hat eine doppelte Bedeutung: In
der FUNCTION-Anweisung (oder einer ENTRY-Anweisung, siehe 4.5.8)
benennt er die Funktion selbst. Außerdem benennt er innerhalb des
Unterprogramms eine Variable, die denselben Typ besitzt wie die
Funktion. Der Wert, den diese Variable im Moment des Rücksprungs
besitzt, wird an die rufende Programmeinheit als Funktionswert
übergeben. Entsprechend muß der Variablen in der Prozedur mindestens einmal ein Wert zugewiesen werden; darüber hinaus kann man
mit ihr wie mit jeder anderen Variablen gleichen Typs arbeiten.

Man beachte: Wenn die Variable angesprochen werden soll, sind Klammern und Parameter natürlich wegzulassen.

Beispiele:

(1) Es wird ein Funktionsunterprogramm zu der Aufgabe angegeben, näherungsweise $a^{1/3}$, $a \in \mathbb{R}$, nach dem Newton-Verfahren zu berechnen, wobei eine geeignete Anfangsnäherung gewählt wird. Parameter sind a und eine Genauigkeitsschranke eps > 0. Das Verfahren läuft in folgenden Schritten ab:

(1) Setz $x_o = \begin{cases} \text{sign}(1,a), & \text{wenn } |a| \leq 1 \text{ (sign wie Standardfunktion SIGN)}, \\ a & \text{sonst.} \end{cases}$

(2) Berechne $x = (2x_o + a/x_o^2)/3$ (Verbesserung von $x_o$ nach Newton).

(3) Wenn $|x - x_o| >$ eps, dann setz $x_o = x$ und führ Schritt 2 aus, sonst Rücksprung.

Ein Funktionsunterprogramm dazu kann lauten

```
          FUNCTION X( A, EPS)
          IF ( ABS( A) .LE.1.)  THEN
             XO= SIGN(1., A)
          ELSE
             XO= A
          ENDIF
   1      X=(2*XO+ A/ XO **2) /3
          IF ( ABS( X- XO) .GT. EPS)  THEN
             XO= X
             GOTO 1
          ENDIF
          END
```

In diesem Beispiel reserviert der Compiler Speicherplätze nur für das (Zwischen-)Ergebnis unter dem Namen X sowie für eine Hilfsvariable unter dem Namen XO. Obwohl für formale Parameter kein Speicherplatz reserviert wird, müssen dem Compiler die Typen der formalen Parameter bekannt sein, natürlich nur bei Namen, die nicht Subroutinen bezeichnen. Es sind nämlich beispielsweise die arithmetischen Operationen durch Mikroprogramme hardwaremäßig realisiert, und von diesen müssen beim Übersetzen

die richtigen ausgewählt werden. Es ist etwa klar, daß eine
REAL-Addition ein anderes Mikroprogramm erfordert als eine
INTEGER-Addition.

(2) Beim Aufruf einer externen Funktion muß der rufenden Programmeinheit deren Typ bekannt sein. Ein Programm zu der Aufgabe,
den Mittelwert von 100 in einem Feld gespeicherten Meßwerten in
einem Funktionsunterprogramm zu berechnen, kann lauten

```
        REAL A(100),MITTEL
C       Das Hauptprogramm ruft das Funktionsunterprogramm
C       MITTEL auf, das den Typ REAL hat. Daher ist eine
C       Typanweisung für MITTEL erforderlich
   :    (Eingabe der 100 Meßwerte)
   :
        PRINT *, 'Mittelwert=',MITTEL(A)
C       Ohne die Typ-Anweisung für MITTEL würde die in MIT-
C       TEL als Ergebnis gespeicherte Bitkette als INTEGER-
C       Zahl interpretiert und es würde Unsinn ausgegeben
C       werden
        END
        REAL FUNCTION MITTEL(A)
        REAL A(100)
        MITTEL=0.
        DO 10, I=1,100
   10   MITTEL=MITTEL+A(I)
        MITTEL=MITTEL/100.
        END
```

Innerhalb des Unterprogramms darf der Name einer Subroutine, anders
als der Name einer Funktion, nur in der SUBROUTINE-Anweisung (oder
einer ENTRY-Anweisung, siehe 4.5.8) vorkommen; eine gleichnamige
Größe kann innerhalb des Unterprogramms nicht vereinbart werden.
Entsprechend liefern Subroutinen auch nicht automatisch einen Wert
an die rufende Programmeinheit. Sollen Resultate übergeben werden,
so müssen geeignete formale Parameter vereinbart oder COMMON-Blöcke
(siehe 8.1) verwendet werden.

Beispiel: Angenommen, die Bundesbank bringe 3-DM-Stücke, genannt
Taler, in den Verkehr. Das Subroutine-Unterprogramm TALER ermittelt, wie ganzzahlige DM-Beträge von mehr als 7 DM mit Talern und
höchstens zwei 5-DM-Stücken gezahlt werden können. Bei der Division
des DM-Betrages durch 3 kann ein von Null verschiedener Divisionsrest nur 1 oder 2 sein. Er kann für Beträge von mehr als 7 DM durch
zwei 5-DM-Stücke bzw. ein 5-DM-Stück abgefangen werden.

```
      SUBROUTINE TALER(Z,A,B)
C     Z ist Eingabeparameter für den Betrag, A Anzahl
C     der Taler, B Anzahl der 5-DM-Stücke
      INTEGER Z,A,B
      IF (Z.LE.7) THEN
         PRINT *, 'Betrag von DM',Z,' zu klein'
      ELSE
         B= MOD(3-MOD(Z,3),3)
         A=(Z-5*B)/3
      ENDIF
      END
```

## 4.5.3  Formale und aktuelle Parameter

Namen und Anweisungsnummern eines FORTRAN-Programms sind weitgehend
symbolische Bezeichnungen für Adressen im Speicher des Rechners.
Für den Zeitpunkt und die Dauer der Zuordnung einer symbolischen
Bezeichnung zu einer Adresse gibt es zwei Möglichkeiten.

In den meisten Fällen erfolgt die Zuordnung, bevor die Ausführung
des Programms beginnt, und wird für die gesamte Dauer der Ausführung aufrecht erhalten.

Anders werden nur die formalen Parameter von externen Prozeduren
behandelt: Beim Aufruf einer externen Prozedur wird eine (lineare)
Zuordnung zwischen den formalen Parametern in der Prozedurverein-
barung und den aktuellen Parametern im Aufruf vorgenommen. Lineare
Zuordnung bedeutet: Der erste formale wird dem ersten aktuellen Parameter zugeordnet, der zweite formale dem zweiten aktuellen Parameter usw.. Die Zuordnung wird wieder gelöst, wenn die Ausführung

der Prozedur durch den Rücksprung beendet wird. Bei einem neuerlichen Aufruf der Prozedur können beliebige andere Zuordnungen vorgenommen werden.

Formale Parameter einer externen Prozedur sind während der Dauer der Ausführung der Prozedur also faktisch Bezeichnungen für Größen der rufenden Programmeinheit.

Damit die Zuordnung zwischen aktuellen und formalen Parametern zu vernünftigen Ergebnissen führen kann, müssen diese zueinander "passen", zum Beispiel:

(1) Die Anzahl muß übereinstimmen.

(2) Marken dürfen nur Marken zugeordnet werden.

(3) Prozeduren dürfen nur gleichartigen Prozeduren zugeordnet werden.

(4) Ein typgebundener formaler Parameter (Variable, Feld, Funktion) darf nur einem aktuellen Parameter gleichen Typs zugeordnet werden.

Allerdings brauchen formale und aktuelle Parameter nicht in allen Eigenschaften identisch zu sein; die Regeln hierfür werden in den folgenden Abschnitten behandelt. Die Einhaltung dieser Regeln wird von Rechner zu Rechner in unterschiedlichem Maße überprüft; im Extremfalle finden keinerlei Überprüfungen statt. Ein vernünftiges Resultat darf man im Falle unzulässiger Zuordnungen natürlich nicht erwarten.

4.5.4   Ein- und Ausgabeparameter, Nebeneffekte

Bei formalen Parametern, die für Variable stehen, wird zwischen Eingabeparametern und Ausgabeparametern unterschieden.

Ein formaler Parameter ist ein Eingabeparameter, wenn er in der Prozedur zuerst als Operand in einem Ausdruck verwendet wird; entsprechend muß ein aktueller Parameter, dem ein Eingabeparameter zugeordnet wird, im Moment des Aufrufs definiert sein. Umgekehrt ist ein formaler Parameter ein Ausgabeparameter, wenn ihm in der Prozedur ein Wert zugewiesen wird.

Man beachte: Ein formaler Parameter kann sowohl Eingabe- als auch Ausgabeparameter sein.

Ein aktueller Parameter muß eine Variable, ein Feldelement oder eine Teilkette (siehe 5.1.3) sein, wenn ihm ein Ausgabeparameter zugeordnet wird; er kann, Übereinstimmung der Typen vorausgesetzt, ein beliebiger Ausdruck sein, wenn ihm ein Eingabeparameter zugeordnet wird, der nicht gleichzeitig Ausgabeparameter ist.

Wenn Ausdrücke als aktuelle Parameter verwendet werden, laufen Prozeduraufrufe so ab: Zunächst werden die Ausdrücke berechnet und die resultierenden Werte in Hilfsspeicher gebracht. In der Prozedur werden dann die jeweils entsprechenden formalen Parameter den Hilfsspeichern zugeordnet, d.h. die formalen Parameter benennen Speicherworte, die in der rufenden Programmeinheit unbenannt sind.

Als Beispiel wird das Unterprogramm

```
SUBROUTINE IDENT(X,Y)
X=Y
END
```

betrachtet, in dem X Ausgabe- und Y Eingabeparameter ist. Der Aufruf

```
CALL IDENT(A,1.)
```

ist also zulässig und bewirkt, daß die Variable A der rufenden Programmeinheit nach Abarbeitung des Unterprogramms den Wert 1. besitzt. Unzulässig ist dagegen der Aufruf in der Anweisungsfolge

```
CALL IDENT(2.,1.)
PRINT *, 2.
```

Der Ablauf ist hier folgender: Die beiden Konstanten werden (bereits bei der Übersetzung des Programms) in Hilfsspeicher geschrieben. Das Unterprogramm versucht also, den Wert eines Hilfsspeichers mit dem eines anderen zu überschreiben. Bei manchen Rechnern, zum Beispiel der VAX-11, führt dieser Versuch zu einem Fehlerabbruch des Programms, weil Konstanten in speziellen Speicherbereichen abgelegt werden, in die während der Ausführung des Programms keine Werte übertragen werden dürfen. Bei anderen Rechnern, zum Beispiel der SPERRY 1100, sind Konstanten nicht geschützt, wird also im obigen Beispiel die Konstante 2. durch die Konstante 1. überschrieben. Die Folgen der Zerstörung zeigt, zumindest bei der SPERRY 1100, das Resultat der PRINT-Anweisung: Es wird nicht die angegebene Konstante 2., sondern die Konstante 1. gedruckt. Der Grund ist die Optimierung durch den Compiler, der identische Konstanten nur einmal, nicht mehrfach, innerhalb einer Programmeinheit in einen Hilfsspeicher schreibt. ( Ohne diese Optimierung würde die PRINT-Anweisung natürlich die richtige Konstante drucken - sofern sie überhaupt noch ausgeführt wird.)

Prinzipiell ist es ohne weiteres zulässig, ein und dieselbe Variable an verschiedenen Stellen in einem Prozeduraufruf als aktuellen Parameter einzusetzen. Um sogenannte Nebeneffekte zu vermeiden, sollte man dieses allerdings nur tun, wenn die entsprechenden formalen Parameter Eingabe- und nicht Ausgabeparameter sind.

Ein Beispiel hierfür ist das Unterprogramm

```
SUBROUTINE ADDIT( I,J,K)
I= I+ J
I= I+ K
END
```

Mit diesem Unterprogramm liefert die Anweisungsfolge

```
I1 =1
I2 =1
CALL ADDIT( I1 ,I2 ,I2 )
```

in I1 den Wert 3, während die Anweisungsfolge

```
I1 =1
CALL ADDIT( I1 ,I1 ,I1 )
```

in I1 den Wert 4 liefert.

Schließlich sollten Funktionen grundsätzlich keine Ausgabeparameter aufweisen, da diese leicht zu unerwarteten und unerwünschten Nebeneffekten führen können.

Als Beispiel soll die Funktion

```
FUNCTION J( I)
I= I+1
J= I
END
```

betrachtet werden, deren Parameter Eingabe- und Ausgabeparameter
ist. Welchen Wert die Anweisungsfolge

```
L=1
K=( L+1)*J( L)
```

in die Variable K schreibt, ist compilerabhängig: Die Norm schreibt
nur vor, daß die Multiplikation zuletzt ausgeführt werden muß; in
welcher Reihenfolge die beiden Faktoren vorher berechnet werden,
läßt sie dagegen offen. So erhält man in der Praxis tatsächlich
auch verschiedene Werte: Auf einer SPERRY 1100 ist das Resultat 4
(erst Addition, danach Funktionsauswertung), auf einer VAX-11 dagegen 6 (erst Funktionsauswertung, danach Addition).

Wenn in einer Anweisung mehr als eine Funktion aufgerufen wird, so
hängt es vom Compiler ab, in welcher Reihenfolge die Funktionswerte
berechnet werden. Die Funktionen dürfen dann aber keine Nebeneffekte bewirken, welche die Funktionswerte von der Reihenfolge ihrer
Errechnung abhängig machen.

Ein Index eines Feldelements kann durch einen Indexausdruck vom Typ
INTEGER (siehe 2.4) ermittelt werden, in dem Funktionen aufgerufen
werden. Die obige Regel verbietet insbesondere Nebeneffekte, die
andere Indizes desselben Feldelements verändern.

Enthält ein Ausdruck Funktionsaufrufe als Operanden, so werden diese u.U. nicht alle ausgewertet, wenn der Wert des Ausdrucks von den
Funktionswerten unabhängig ist. Bei logischen Ausdrücken ist das
besonders evident. Wenn z.B. in dem Ausdruck

```
X.GT.Y.OR.L( U,V)
```

wo L eine logische Funktion bezeichnet, der Vergleichsausdruck
X.GT.Y den Wert "wahr" ergibt, braucht L(U,V) nicht errechnet zu
werden. Wenn die U oder V entsprechenden formalen Parameter Ausgabeparameter sind, werden Nebeneffekte unkontrollierbar.

Wenn in einer logischen IF-Anweisung

IF (e) st

im Ausdruck e eine Funktion auftritt, so wird sie vor einer eventuell in der Anweisung st enthaltenen Funktion ausgewertet. Wenn e den Wert "falsch" ergibt, wird ein Funktionsaufruf in st in keinem Fall ausgeführt.

Nicht compilerabhängig ist die Reihenfolge der Funktionsauswertung, wenn ein Funktionsaufruf Operand eines aktuellen Parameters in einem Funktionsaufruf ist, z.B.

Y= F( G( X) + Z)

Hier wird selbstverständlich G(X) zuerst errechnet.

## 4.5.5    Felder als Parameter

Jeder formale Parameter, der ein Feld bezeichnet, muß im Unterprogramm in einer Spezifikationsanweisung mit Felddefinition erscheinen. Der Compiler erkennt daraus zum einen, daß der formale Parameter ein Feld bezeichnet, und zum anderen, wie der Ausdruck zur Berechnung der Speicherabbildungsfunktion zu bilden ist; Speicherplatz reserviert er für das Feld nicht.

Für die Felddefinition gibt es drei Möglichkeiten:

(1) Die Indexgrenzen sind konstante INTEGER-Ausdrücke.
(2) Die Indexgrenzen sind INTEGER-Ausdrücke, in denen als Operanden außer Konstanten auch Variablen vorkommen, die selbst formale Parameter sind.
(3) Die obere Grenze des letzten Index wird dem Unterprogramm nicht mitgeteilt, sondern in der Felddefinition durch einen Stern ersetzt. Diese Möglichkeit der Felddefinition besteht, weil die obere Grenze des letzten Index für die Speicherabbildungsfunktion nicht benötigt wird.

Indexgrenzen der Form (2) oder (3) sind nur in externen Prozeduren und nur für formale Parameter zugelassen. In Hauptprogrammen und ebenso in Felddefinitionen lokaler Felder in externen Prozeduren müssen Indexgrenzen immer die Form (1) haben.

Einem formalen Parameter, der symbolischer Name eines Feldes ist, entspricht als aktueller Parameter der Name eines Feldes oder eines Feldelements. Zur Abkürzung wird von den Begriffen _formales_ und _aktuelles Feld_ Gebrauch gemacht; dabei muß man jedoch stets daran denken, daß nur ein aktuelles Feld physikalisch existiert.

Aus der Tatsache, daß die Elemente des aktuellen Feldes konsekutive Worte des Hauptspeichers belegen, und daß aus einem Unterprogramm heraus auf eine zusammenhängende Teilmenge dieses Abschnitts zugegriffen wird, ergeben sich einige Folgerungen.

Größe und Anzahl der Dimensionen des aktuellen und des formalen Feldes können verschieden sein. Wenn der aktuelle Parameter ein Feld ist, so entspricht das erste Element des aktuellen Feldes dem ersten Element des formalen Feldes, das zweite Element des aktuellen Feldes dem zweiten Element des formalen Feldes usw..

Wenn der aktuelle Parameter ein Feldelement ist, so entspricht dieses Element dem ersten Element des formalen Feldes, das nachfolgende Element des aktuellen Feldes dem zweiten Element des formalen Feldes usw..

Es ist also kein Unterschied, ob als aktueller Parameter das aktuelle Feld oder sein erstes Element genannt wird.

Das formale Feld muß in dem aktuellen Feld enthalten sein, damit nicht auf andere, nicht zum aktuellen Feld gehörige Worte zugegriffen wird.

Einige Beispiele sollen die verschiedenen Möglichkeiten der Felddefinition in externen Prozeduren erläutern.

(1) In einem 10*10-Feld sollen der größte und der kleinste enthaltene Wert gesucht werden. Da das Feld konsekutive Plätze im Hauptspeicher belegt, kann man bei der Suche mit einer DO-Anweisung auskommen, wenn man sie in einem Unterprogramm auf einem eindimensionalen formalen Feld formuliert. Das Programm kann dann lauten:

```
          REAL A(10,10)
          READ *, A
          CALL MINMAX( A)
          END
          SUBROUTINE MINMAX( B)
          REAL B(100)
          AMINI=B(1)
          AMAXI=B(1)
          DO 10, I=2,100
          IF ( AMINI.GT.B( I)) THEN
             AMINI=B( I)
          ELSEIF ( AMAXI.LT.B( I)) THEN
             AMAXI=B( I)
          ENDIF
    10    CONTINUE
          PRINT *, 'Min=',AMINI,' Max=',AMAXI
          END
```

Die Parameter A, B erscheinen hier in Felddefinitionen mit konstanten Indexgrenzen, wobei die Anzahl der Indizes und ihre Grenzen für A und B verschieden sind. Trotzdem durchsucht die Prozedur das ganze Feld A, da zum einen die beiden Felder jeweils 100 Elemente umfassen und da zum anderen durch den Aufruf CALL MINMAX( A) die ersten Elemente der beiden Felder direkt sowie alle weiteren Elemente indirekt einander zugeordnet werden.

(2) Der Programmausschnitt aus Abschnitt 2.5 zur Lösung von Gleichungssystemen Ax = b, wo A eine $n*n$-Dreiecksmatrix ist, soll zu einem Subroutine-Unterprogramm ergänzt werden, dem auch n als Parameter übergeben wird. Das Unterprogramm soll von einem Hauptprogramm aufgerufen werden, in dem Felder für A, x, b vereinbart sind und in dem die Eingabe der Daten erfolgt. Da es in FORTRAN keine dynamische Feldvereinbarung gibt, muß für Felder Speicherplatz vor der Programmausführung reserviert werden (siehe 2.4). Wenn das Programm beliebig oft mit variablem n ausgeführt werden soll, müssen daher die Feldvereinbarungen mit einer Konstanten np erfolgen, für die die Bedingung $np \geq n$

gilt. Wenn dann im Einzelfall np > n ist, sind die Felder A, b, x überdimensioniert, d.h. es steht in ihnen mehr Speicherplatz zur Verfügung, als benötigt wird. Ein ausführbares Programm, das Systeme mit höchstens np=20 Gleichungen und Unbekannten löst, kann lauten

```
      PARAMETER (NP=20)
      REAL A(NP,NP),B(NP),X(NP)
C     Die Anzahl der Gleichungen und Unbekannten sei n
      READ *, N
         :
         : (Eingabe von A und b)
         :
      CALL GGLS(A,B,X,N,NP)
         :
         : (Ausgabe der Lösung x)
         :
      END
      SUBROUTINE GGLS(A,B,X,N,NP)
C     In der Felddefinition für A werden Indexgrenzen np
C     wie in der rufenden Programmeinheit angegeben, damit
C     die Speicherabbildungsfunktion richtig gebildet wird
      REAL A(NP,NP),B(NP),X(NP)
      X(N)=B(N)/A(N,N)
         :
         :
10    X(I)=B(I)/A(I,I)
      END
```

Würden im Unterprogramm GGLS die Felder A, B, X mit

```
      REAL A(N,N),B(N),X(N)
```

dimensioniert, so würde falsch auf die Worte von A zugegriffen werden, wenn nicht n=np=20 ist; die Zugriffe auf b und x würden sich nicht ändern, weil die obere Grenze des letzten Index von der Speicherabbildungsfunktion nicht benötigt wird.

Bemerkung: In der Subroutine GGLS bezeichnen die formalen Parameter A, b Eingabefelder, x ein Ausgabefeld. Grundsätzlich darf ein formales Feld sowohl Eingabe- als auch Ausgabeparameter sein. Dann sind allerdings Nebeneffekte möglich, wie sie in

4.5.4 für Variablen beschrieben wurden.

(3) Bei der Aufgabe, durch eine Funktion für n*n-Matrizen die Euklidische Norm des k-ten Spaltenvektors zu berechnen, ergibt sich der Fall, daß ein Feld formaler, ein Feldelement aktueller Parameter ist. In einem Hauptprogramm soll für die Matrizen ein np*np-Feld vereinbart werden. Es sei n ≤ np.

```
          PARAMETER( NP=...)
          REAL A( NP,NP)
          .
          .  ( Eingabe von n, A)
          .
          DO 10, K=1,N
10        PRINT *, ENORM( A(1,K),N)
          END
          FUNCTION ENORM( SP,N)
          REAL SP( N)
          ENORM=0.
          DO 10, J=1,N
10        ENORM= ENORM+ SP( J) **2
          ENORM= SQRT( ENORM)
          END
```

Ausgenutzt wird hier, daß die Elemente einer Spalte einer Matrix konsekutive Speicherworte belegen.

(4) Man kann in den oben angegebenen Unterprogrammen auch durch

```
          REAL A( NP,*) ,B( *) ,X( *)
```

bzw.

```
          REAL SP( *)
```

dimensionieren, jedoch ist in den vorstehenden Beispielen damit nichts gewonnen. Im ersten Fall muß der Parameter np übergeben werden, weil er zur Dimensionierung von A weiterhin erforderlich ist; im zweiten Fall wird der Parameter n in der DO-Anweisung benötigt. Unzulässig ist es, ein Feld, das in dieser Art erklärt wurde, in einer Ein-/Ausgabeliste zu nennen.

## 4.5.6    Marken als Parameter, RETURN-Anweisung

Marken sind grundsätzlich lokale Größen der jeweiligen Programmeinheit. Ein Sprung aus einem Unterprogramm zu einer Marke der rufenden Programmeinheit ist deshalb ohne weiteres nicht möglich.

An Subroutinen können Marken s der rufenden Programmeinheit allerdings als aktuelle Parameter in der Form *s übergeben werden, wenn in der Subroutine an entsprechender Stelle das Zeichen * als formaler Parameter steht.

Den Sprung zu einer solchen Marke bewirkt die Anweisung

```
RETURN [ i]
```

mit einem INTEGER-Ausdruck i. Ihre Abarbeitung entspricht im wesentlichen der einer berechneten GOTO-Anweisung: Zunächst wird der Ausdruck i berechnet, anschließend ein Sprung zur, von links gezählt, i-ten Marke in der Parameterliste ausgeführt; ist der Wert von i kleiner als 1 oder größer als die Anzahl der Marken in der Parameterliste, wird ein "normaler" Rücksprung ausgeführt, d.h. ein Rücksprung an die Stelle unmittelbar hinter dem Aufruf.

Ein normaler Rücksprung wird ebenfalls ausgeführt, wenn der Ausdruck i fehlt; ohne Ausdruck i darf die RETURN-Anweisung auch in Funktionen verwendet werden.

Als Beispiel wird das Subroutine-Unterprogramm TALER aus Abschnitt 4.5.2 leicht verändert. Wenn eine Zahl kleiner oder gleich 7 übergeben wurde, soll in die rufenden Programmeinheit zu der Anweisung mit der Nummer 100 verzweigt und dort "Betrag von DM (Wert von Z) zu klein" ausgegeben werden. Das Unterprogramm kann dann lauten

```
SUBROUTINE TALER(Z,A,B,*)
INTEGER Z,A,B
IF (Z.LE.7) RETURN 1
A=...
B=...
END
```

In der rufenden Programmeinheit können die Anweisungen stehen

```
      ...
      CALL TALER(Z,A,B,*100)
      ...
100   PRINT *, 'Betrag von DM',Z,' zu klein'
      ...
```

Man beachte: Bei geschachtelten Prozeduraufrufen können Parameter
im allgemeinen "durchgereicht" werden, d.h. die formalen Parameter
einer Prozedur können innerhalb des Unterprogramms als aktuelle Parameter in Prozeduraufrufen verwendet werden. Dieses ist für Marken
als Parameter nicht möglich.

### 4.5.7    Prozeduren als Parameter, EXTERNAL und INTRINSIC

Formale Parameter, die für Prozeduren stehen, werden in der Liste
der formalen Parameter durch Namen gekennzeichnet. Sie sollen kurz
als formale Prozeduren oder auch speziell als formale Funktionen
bzw. formale Subroutinen bezeichnet werden.

Ob eine formale Prozedur eine Funktion oder eine Subroutine ist,
wie ihre Parameterliste aufgebaut ist, und ggf. welchen Typ sie als
Funktion besitzt, muß aus dem Kontext des Unterprogramms hervorge-
hen.

Beim Aufruf einer Prozedur muß jeder aktuellen Prozedur eine "pas-
sende" formale Prozedur zugeordnet werden, d.h.

(1) die Parameterlisten von aktueller und formaler Prozedur müssen
    zueinander passen,
(2) einer aktuellen Subroutine muß eine formale Subroutine zugeord-
    net werden, und
(3) einer aktuellen Funktion muß eine formale Funktion gleichen
    Typs zugeordnet werden.

Klar ist, daß grundsätzlich nur abgeschlossene, keine offenen, Prozeduren als aktuelle Prozeduren verwendet werden dürfen. Zugelassen
sind damit

(1) externe Funktionen,
(2) Subroutinen,

(3) ein Teil der Standardfunktionen und

(4) formale Prozeduren;

nicht zugelassen sind dagegen

(1) Anweisungsfunktionen und

(2) die restlichen Standardfunktionen

Welche Standardfunktionen als aktuelle Prozeduren nicht zugelassen sind, ist in Anhang B vermerkt; bei manchen Compilern können weitere Standardfunktionen von der Verwendung als aktuelle Prozeduren ausgeschlossen sein. Zugelassen sind außerdem prinzipiell nur spezielle Namen, keine Gattungsnamen.

Als aktueller Parameter ist stets nur der Name der Prozedur, also ohne Klammern und Parameter, in den Aufruf einzusetzen. Um dem Compiler eine Unterscheidung zwischen Prozeduren und Variablen als aktuelle Parameter zu ermöglichen, müssen aktuelle Prozeduren speziell vereinbart werden. Dazu dienen die Anweisungen

$$\text{EXTERNAL } p[\,,p]\ldots$$

und

$$\text{INTRINSIC } f[\,,f]\ldots$$

Hierin sind

p         Name einer externen Funktion, einer Subroutine, einer formalen Prozedur oder eines BLOCKDATA-Unterprogramms (siehe 8.4)

f         Name einer Standardfunktion

Typische Beispiele für Prozeduren mit Prozeduren als Parametern ergeben Formeln zur numerischen Integration. Bekannte Quadraturformeln sind die Sehnentrapezregel

$$\int_b^a f(x)\,dx \approx R_n := h \left\{ \frac{1}{2} f(a) + \sum_{j=1}^{n-1} f(a+jh) + \frac{1}{2} f(b) \right\}$$

die Tangententrapezregel

$$\int_b^a f(x)\,dx \approx T_n := 2h \sum_{j=1}^{n/2} f(a+(2j-1)h)$$

(n gerade), und die Simpsonformel

$$\int_b^a f(x)\,dx \approx S_n := \frac{1}{3}\,\{\,T_n + 2R_n\,\}$$

(n gerade) mit vorgegebenem n und  h := (b - a)/n.

Das folgende Programm berechnet mit diesen Formeln Näherungen des Integrals der Funktion

$$f(x) := 3x^2 + 2x + 1$$

wobei n und die Intervallgrenzen a und b eingelesen werden.

```
         PROGRAM INTEG
         EXTERNAL F
         READ *, A,B,N
         PRINT *, 'Näherungen:  RN=',RN(A,B,N,F),
        *            ' TN=',TN(A,B,N,F),' SN=',SN(A,B,N,F)
 *       Die EXTERNAL-Anweisung sorgt dafür, daß der
 *       Compiler den Namen F als Funktionsnamen und
 *       nicht als Variable betrachtet. Da alle Funktionen
 *       nach der Namensregel den Typ REAL besitzen, sind
 *       Typanweisungen überflüssig
         END
         FUNCTION F(X)
         F=(3*X+2)*X+1
         END
         FUNCTION RN(A,B,N,G)
         H=(B-A)/N
         RN=.5*(G(A)+G(B))
         DO 1, J=1,N-1
    1    RN=RN+G(A+J*H)
         RN=H*RN
         END
 *       Da die Formale Prozedur G nur aufgerufen und nicht
 *       als aktuelle Prozedur verwendet wird, ist eine
 *       EXTERNAL-Anweisung in RN nicht erforderlich.
 *       In der Funktion TN gilt dasselbe.
         FUNCTION TN(A,B,N,G)
```

```
      H=(B-A)/N
      TN=0
      DO 1, J=1,N/2
   1  TN=TN+G(A+(2*J-1)*H)
      TN=2*H*TN
      END
      FUNCTION SN(A,B,N,G)
      EXTERNAL G
      SN=(TN(A,B,N,G)+2*RN(A,B,N,G))/3
   *      Da die formale Prozedur G in SN auch aktuelle
   *      Prozedur ist, muß sie in einer EXTERNAL-Anwei-
   *      sung genannt werden
      END
```

Wenn anstelle der Funktion f(x) die Funktion sin(x) integriert, und
wenn dazu die Standardfunktion mit dem speziellen Namen SIN verwendet werden soll, sind drei Änderungen im Programm vorzunehmen:

(1) Die EXTERNAL-Anweisung im Hauptprogramm wird ersetzt durch die
    Anweisung

```
      INTRINSIC SIN
```

(2) In den Funktionsaufrufen in der PRINT-Anweisung wird jeweils
    der Name F durch den Namen SIN ersetzt.
(3) Das Funktions-Unterprogramm F entfällt ersatzlos.

An den Integrations-Unterprogrammen sind keine Änderungen vorzunehmen; insbesondere muß die EXTERNAL-Anweisung im Unterprogramm SN
stehenbleiben.

Neben den Namen von aktuellen Prozeduren dürfen auch die Namen beliebiger externer Prozeduren in EXTERNAL-Anweisungen bzw. beliebiger Standardfunktionen in INTRINSIC-Anweisungen aufgenommen werden.
Es empfiehlt sich, diese Möglichkeit, zumindest für Funktionen, zu
nutzen, um Verwechslungen zwischen Standardfunktionen und (eigenen)
externen Funktionen auszuschließen.

Wenn ein Compiler einen Namen, für den weder eine EXTERNAL- noch
eine INTRINSIC-Anweisung vorliegt, als Namen einer Funktion erkennt, prüft er zunächst, ob der Name eine Anweisungsfunktion be-

zeichnet, und danach, ob es eine entsprechende Standardfunktion gibt. Nur dann, wenn beide Prüfungen negativ verlaufen, betrachtet er den Namen als Namen einer externen Funktion.

Die Compiler kennen im allgemeinen mehr Standardfunktionen als die Norm vorschreibt; die Aufnahme der eigenen externen Funktionen in EXTERNAL-Anweisungen erlaubt dem Programmierer eine freie Wahl der Funktionsnamen, ohne Rücksicht auf eventuell vorhandene Standardfunktionen. Es sei allerdings noch einmal darauf hingewiesen: Aufgrund der Regeln über die Eindeutigkeit von Namen können bei Namensgleichheit innerhalb eines Programms jeweils entweder nur die Standardfunktion oder nur die eigene externe Funktion aufgerufen werden.

Die über die Norm hinausgehenden Standardfunktionen können natürlich von Compiler zu Compiler verschieden sein; die Aufnahme der verwendeten Standardfunktionen in INTRINSIC-Anweisungen verhindert, daß ein Compiler vermeintliche Standardfunktionen stillschweigend als externe Funktionen betrachtet. INTRINSIC-Anweisungen empfehlen sich also vor allem in Programmen, die auf verschiedenen Rechnern laufen sollen.


4.5.8   Zusätzliche Eingangspunkte


In einem Prozedur-Unterprogramm werden durch die Unterprogramm-Anweisung die Eigenschaften einer externen Prozedur festgelegt (siehe 4.5.1). Wenn ein Prozedur-Unterprogramm aus mehreren externen Prozeduren bestehen soll, müssen die Eigenschaften der weiteren Prozeduren durch nicht ausführbare Anweisungen

        ENTRY en[([d[,d]...])]

festgelegt werden. Hierin sind

en      Name der externen Prozedur. Ihr Eingangspunkt ist die erste
        ausführbare Anweisung hinter der ENTRY-Anweisung
d       formaler Parameter. Die Listen der formalen Parameter der
        verschiedenen Prozeduren in einem Unterprogramm brauchen
        nicht übereinzustimmen

Da eine ENTRY-Anweisung einen Eingangspunkt definiert, darf sie natürlich weder im Wiederholungsbereich einer Laufanweisung noch innerhalb einer Block IF-ENDIF-Konstruktion stehen. Sonst kann sie an beliebiger Stelle in ein Prozedur-Unterprogramm eingefügt werden. Da sie nicht ausführbar ist, braucht sie nicht übersprungen zu werden.

In einem Funktions-Unterprogramm definiert eine ENTRY-Anweisung eine externe Funktion, in einem Subroutine-Unterprogramm eine Subroutine. Für externe Prozeduren, die durch ENTRY-Anweisungen definiert werden, gelten die gleichen Regeln wie für externe Prozeduren, die durch Unterprogramm-Anweisungen definiert werden:

(1) Der Name einer Subroutine darf in dem Unterprogramm, in dem die Subroutine definiert wird, nur in der jeweiligen ENTRY-Anweisung vorkommen; aufgerufen wird die Subroutine durch eine CALL-Anweisung.

(2) Der Name einer Funktion erhält einen Typ und darf im Unterprogramm wie eine Variable dieses Typs verwendet werden; der Aufruf ist ein Ausdruck. Der Typ muß durch eine Typanweisung, eine IMPLICIT-Anweisung oder nach der Namensregel festgelegt werden; in ENTRY-Anweisungen ist die Angabe des Typs nicht zulässig.

Die Funktionen, die zu einem Funktions-Unterprogramm gehören, dürfen verschiedene Typen besitzen (ausgenommen nur den Typ CHARACTER, siehe 5.1). Die Variablen, die durch die Funktionsnamen vereinbart werden, bezeichnen sämtlich denselben Speicherplatz; wird also einer Variablen ein Wert zugewiesen, so werden gleichzeitig alle anderen dieser Variablen, die denselben Typ besitzen, mit demselben Wert definiert, und die übrigen dieser Variablen, die einen anderen Typ besitzen, undefiniert.

Beispiele:

(1) Die Funktionen RN, TN und SN aus dem letzten Abschnitt können zu einem Funktions-Unterprogramm zusammengefaßt werden. Da RN und TN jeweils nur einen Teil der Berechnungen erfordern, die für SN auszuführen sind, liegt es nahe, RN und TN durch ENTRY-Anweisungen zu definieren.

```
      FUNCTION SN(A,B,N,G)
      LOGICAL RETOUR
      DATA RETOUR/.TRUE./
*     Verweis zur DATA-Anweisung siehe unten
      RETOUR=.FALSE.
      ENTRY RN(A,B,N,G)
      H=(B-A)/N
      RN=.5*(G(A)+G(B))
      DO 1, J=1,N-1
    1 RN=RN+G(A+J*H)
      RN=H*RN
      IF (RETOUR) RETURN
      HSP=RN
      ENTRY TN(A,B,N,G)
      H=(B-A)/N
      TN=0
      DO 2, J=1,N/2
    2 TN=TN+G(A+(2*J-1)*H)
      TN=2*H*TN
      IF (RETOUR) RETURN
      SN=(TN+2*HSP)/3
      RETOUR=.TRUE.
      END
```

In diesem Unterprogramm können die drei Variablen SN, RN und TN
beliebig durch einander ersetzt werden, da sie dasselbe Speicherwort bezeichnen, und da sie denselben Typ besitzen. Weil
sie dasselbe Speicherwort bezeichnen, muß, wenn die Funktion SN
aufgerufen wird, das Zwischenergebnis aus RN in einem Hilfsspeicher sichergestellt werden.

Durch die DATA-Anweisung (siehe 8.3) in Verbindung mit der
Wertzuweisung RETOUR=.FALSE. am Ende des Unterprogramms wird
übrigens sichergestellt, daß die Variable RETOUR bei jedem Aufruf einer der drei Funktionen anfänglich den Wert .TRUE. besitzt.

(2) Es sind zwei Funktionen MAXIM und INDMAX zu schreiben, die das

Maximum der Werte in einem REAL-Vektor V bzw. dessen Index bestimmen. Die beiden Funktionen können zu einem Unterprogramm zusammengefaßt werden:

```
      FUNCTION INDMAX(V,N)
      REAL V(N),MAXIM
      LOGICAL INDEX
      DATA INDEX/.FALSE./
      INDEX=.TRUE.
      ENTRY MAXIM(V,N)
      I=1
      MAXIM=V(1)
      DO 1, J=2,N,1
      IF (V(J).GT.MAXIM) THEN
         I=J
         MAXIM=V(I)
      ENDIF
    1 CONTINUE
      IF (INDEX) THEN
         INDMAX=I
         INDEX=.FALSE.
      ENDIF
      END
```

Auch hier bezeichnen INDMAX und MAXIM dasselbe Speicherwort. Aufgrund der verschiedenen Typen (INTEGER bzw. REAL) kommt ein Ersetzen eines der Namen durch den anderen natürlich nicht in Frage.

(3) Verschiedene Listen formaler Parameter innerhalb eines Unterprogramms brauchen nicht übereinzustimmen:

```
      SUBROUTINE ADD2(I,J,K)
      K=K+I
      ENTRY ADD1(J,K)
      K=K+J
      END
```

Wenn hier ADD2 aufgerufen wird, werden die Werte aller drei

aktuellen Parameter addiert, das Resultat im dritten aktuellen Parameter gespeichert; wenn dagegen ADD1 aufgerufen wird, werden die Werte der beiden aktuellen Parameter addiert, das Resultat im zweiten aktuellen Parameter gespeichert.

Man beachte: In der Anweisung K=K+J bezeichnen

- K den dritten und J den zweiten aktuellen Parameter, falls ADD2 aufgerufen wurde, bzw.

- K den zweiten und J den ersten aktuellen Parameter, falls ADD1 aufgerufen wurde.

Der formale Parameter I darf in dem Teil des Unterprogramms, der nach einem Aufruf von ADD1 ausgeführt wird, natürlich nicht vorkommen.

## 5 Textverarbeitung

Die Programmiersprache FORTRAN wurde zunächst zur Lösung rein numerischer Probleme entwickelt. Deshalb sahen frühe Sprachversionen keine oder nur sehr umständlich anzuwendende Möglichkeiten zur Textverarbeitung, d.h. zur Verarbeitung von Daten in einer externen Darstellung, vor.

Mit der neuen Norm wurde das grundlegend geändert. Wie zur Aufnahme von arithmetischen und logischen Werten können Variablen und Felder auch zur Aufnahme von Texten (strings), d.h. von Zeichenfolgen, vereinbart werden. Diese sollen kurz als Textvariablen und Textfelder bezeichnet werden. In einem Punkt besteht allerdings ein wesentlicher Unterschied: Bei arithmetischen und logischen Variablen und Feldelementen wird bereits durch den jeweiligen Typ eindeutig festgelegt, wie viele Speicherworte für die Variable bzw. das Feldelement benötigt werden. Bei Textvariablen und Elementen von Textfeldern kann dagegen der Programmierer wählen, für wie viele Zeichen sie Platz bieten sollen.

### 5.1 Textvariablen und Textkonstanten

### 5.1.1 Das Schlüsselwort CHARACTER

Das Schlüsselwort, mit dem (benannte) Textgrößen vereinbart werden müssen, ist

CHARACTER[*l]

Hierin ist l die Länge der zu vereinbarenden Größe(n), d.h. die Anzahl der Zeichen, die die Größe(n) aufnehmen können soll(en). Man beachte: Bei Textfeldern erhält jedes Element die Länge l; alle Elemente eines Textfeldes besitzen immer die gleiche Länge.

Die Länge l kann sein
(1) eine positive INTEGER-Konstante ohne Vorzeichen,
(2) ein konstanter INTEGER-Ausdruck (siehe 2.1.6) mit positivem Wert, eingeschlossen in Klammern, oder
(3) ein Stern, eingeschlossen in Klammern (siehe 5.2.4).
Falls die Angabe *l fehlt, setzt der Rechner die Länge 1 ein.

Man beachte: Die Mindestlänge von Textgrößen ist 1. Eine maximale
Länge wird durch die Norm zwar nicht vorgeschrieben, doch existieren in der Praxis Beschränkungen. So läßt VS FORTRAN von IBM 500
und FORTRAN (ASCII) von SPERRY 511 als maximale Länge zu; VAX-11
FORTRAN von DEC läßt dagegen die maximale Länge 32767 zu.

Das Schlüsselwort CHARACTER[*L] kann wie die anderen Schlüsselwörter, die Datentypen bezeichnen, verwendet werden, nämlich
(1) in Typanweisungen,
(2) in IMPLICIT-Anweisungen, und
(3) in FUNCTION-Anweisungen.

Durch eine Typanweisung erhalten zunächst einmal alle Größen, deren
Namen aufgeführt sind, die angegebene Länge. So werden durch

```
        CHARACTER*15  A,B
        CHARACTER*20  T(7,7)
```

zwei Textvariablen mit den Namen A und B sowie ein Textfeld mit dem
Namen T vereinbart, das aus 49 Elementen besteht. A und B besitzen
jeweils die Länge 15; die Elemente von T besitzen jeweils die Länge
20.

In einer Typanweisung besteht daneben die Möglichkeit, auch Größen
mit unterschiedlichen Längen zu vereinbaren: Hinter jeden Namen,
bei Feldern hinter die Dimensionsbeschreibung, kann eine Längenangabe in der Form *L geschrieben werden. Eine derartige Längenangabe
gilt immer nur für die Größe, hinter der sie steht. Die beiden Typanweisungen, die oben angegeben sind, können damit, ohne daß sich
am Resultat etwas ändert, zu einer Typanweisung zusammengefaßt werden:

```
        CHARACTER*15  A,B,T(7,7)*20
```

Äquivalent sind aber auch

```
        CHARACTER A*15,B*15,T(7,7)*20
```

und

```
        CHARACTER*20 A*15,B*15,T(7,7)
```

Wie für Felder anderer Datentypen muß auch für Textfelder die Dimensionierung nicht notwendig in einer Typanweisung erfolgen, sondern kann alternativ in einer DIMENSION-Anweisung (siehe 2.4) oder in einer COMMON-Anweisung (siehe 8.1) vorgenommen werden.

Weitere Beispiele:

(1) Die Anweisung

      IMPLICIT CHARACTER*25 (T)

bewirkt, daß alle Namen, die mit dem Buchstaben T beginnen und nicht in einer Typanweisung aufgeführt sind, den Typ CHARACTER und die Länge 25 erhalten.

(2) Die Anweisung

      CHARACTER*17 FUNCTION T1(Z)

legt fest, daß T1 eine Funktion mit einem Parameter ist. Der Funktionswert von T1 ist ein Text mit der Länge 17.

Man beachte: Der Name eines Eingangspunktes eines Funktionsunterprogramms darf dann und nur dann den Typ CHARACTER besitzen, wenn die Funktion selbst den Typ CHARACTER besitzt. Zusätzlich müssen alle Eingangspunkte einer Funktion dieselbe Länge wie die Funktion besitzen, d.h. die Funktion selbst und die Namen aller ihrer Eingangspunkte müssen entweder sämtlich mit der Länge (*) oder sämtlich mit gleichwertigen konstanten INTEGER-Ausdrücken als Länge vereinbart sein.


5.1.2   Textkonstanten

Textkonstanten haben die Form

    $'h_1 h_2 \ldots h_n'$

Hier steht jedes h für ein beliebiges Zeichen (außer dem Apostroph) aus dem Zeichenvorrat des Rechners, muß n größer als Null sein. Falls ein Apostroph Bestandteil des Wertes sein soll, müssen an der entsprechenden Stelle in der Konstanten zwei unmittelbar aufeinanderfolgende (nicht durch Leerzeichen getrennte) Apostrophe angegeben werden.

Man beachte: Die Apostrophe, mit denen eine Textkonstante beginnt
und endet, dienen nur zu ihrer formalen Kennzeichnung; sie sind
kein Bestandteil des Wertes, den die Konstante repräsentiert. Innerhalb einer Textkonstanten sind Leerzeichen, anders als sonst in
FORTRAN, signifikante Zeichen.

Beispiele:

| Konstante | Wert |
|---|---|
| 'F(X)' | F(X) |
| 'F''(X)' | F'(X) |
| 'A B' | A⌂B |
| '''HEUTE''' | 'HEUTE' |

Man beachte: Textkonstanten müssen, wie andere Textgrößen, mindestens die Länge 1 besitzen. Eine maximale Länge legt die Norm nur
indirekt durch die maximal zulässige Anzahl der Fortsetzungszeilen
für eine Anweisung fest. Für einzelne Rechner gibt es engere Grenzen; so läßt VS FORTRAN von IBM 500 Zeichen und FORTRAN (ASCII) von
SPERRY 511 Zeichen wie bei anderen Textgrößen als maximale Länge
zu. Teilweise liegt die Obergrenze für die Länge von Textkonstanten
deutlich unter der für andere Textgrößen: VAX-11 FORTRAN von DEC
läßt für Textvariablen zwar die Länge 32767 zu, für Textkonstanten
jedoch nur die Länge 2000.


## 5.1.3  Teilketten


Bei arithmetischen und logischen Variablen reicht es i.a. aus, wenn
man auf ihre Werte als Ganzes zugreifen kann. Bei Textvariablen
wird man dagegen vielfach auch auf Teile der Zeichenfolge zugreifen
wollen. Die Möglichkeit hierzu bieten die Teilketten (substrings).

Eine Teilkette hat die Form

        v([e1]:[e2])

oder

        a(s[,s]...)([e1]:[e2])

Hierin sind

| | |
|---|---|
| v | Name einer Textvariablen |
| a( s[ ,s] ...) | Name eines Elements eines Textfeldes |
| e1 ,e2 | INTEGER-Ausdrücke, deren Werte die Position des ersten bzw. letzten Zeichens der Teilkette innerhalb der Variablen bzw. des Feldelements bezeichnen. Wenn l die Länge der Variablen bzw. des Feldelements ist, muß gelten $1 \leq e1 \leq e2 \leq l$. |

Man beachte: Eine Teilkette besteht immer aus Zeichen, die in der Textvariablen bzw. im Element des Textfeldes unmittelbar aufeinanderfolgen.

Beispiel: Es sei vereinbart

        CHARACTER*6  A,B(10,10)

Dann bezeichnet A(2:4) die Zeichenpositionen zwei bis vier in der Variablen A und B(2,6)(3:5) die Zeichenpositionen drei bis fünf im Feldelement B(2,6).

Falls e1 nicht angegeben ist, setzt der Rechner automatisch den Wert 1 ein; falls e2 nicht angegeben ist, setzt der Rechner automatisch die Länge der Variablen bzw. des Feldelements ein.

Beispiel: Ist wieder vereinbart

        CHARACTER*6  A,B(10,10)

so sind die folgenden Teilketten jeweils paarweise äquivalent:

        A( :3)              A(1 :3)
        B(7 ,4)(5 :)        B(7 ,4)(5 :6)
        B(3 ,1)( :)         B(3 ,1)(1 :6)

Außerdem sind natürlich äquivalent

        B(3 ,1)( :)              B(3 ,1)

## 5.2 Arbeiten mit Texten

### 5.2.1 Textausdrücke

Die einfachsten Textausdrücke sind

(1) (benannte und unbenannte) Textkonstanten,

(2) Textvariablen,

(3) Elemente von Textfeldern,

(4) Teilketten, und

(5) Aufrufe von Funktionen, die den Typ CHARACTER besitzen.

Je zwei Textausdrücke können durch den Konkatenationsoperator // zu einem Textausdruck verknüpft werden. Bei einer Konkatenation werden die Zeichenfolgen der beiden Operanden aneinandergefügt.

Zum Beispiel ergibt der Textausdruck 'A'//'*'//'B'//'='//'C' als Resultat die Zeichenfolge A*B=C.


### 5.2.2 Wertzuweisung

Die Wertzuweisung hat die Form

$$v = e$$

Hierin sind

v        eine Textvariable, ein Element eines Textfeldes oder eine Teilkette

e        ein Textausdruck

Da automatische Umwandlungsroutinen zwischen dem Typ CHARACTER und den anderen Datentypen nicht zur Verfügung stehen, ist eine Wertzuweisung $v = e$ mit einem Textausdruck e dann und nur dann zulässig, wenn v den Typ CHARACTER besitzt.
Allerdings brauchen v und e nicht dieselbe Länge zu besitzen. Ist v länger als e, werden die Zeichen von e linksbündig in v gespeichert und die restlichen Zeichenpositionen von v mit Leerzeichen gefüllt. Ist umgekehrt v kürzer als e, werden, links beginnend, nur so viele Zeichen von e übertragen, bis v gefüllt ist; die restlichen Zeichen von e gehen verloren.
Man beachte: Bei einer Wertzuweisung $v = e$ werden alle Zeichen, die

bislang in v standen, überschrieben. Ist v eine Teilkette, so wird
natürlich nur der bisherige Wert dieser Teilkette überschrieben,
während die Zeichen der Variablen bzw. des Feldelements, die nicht
zu der Teilkette gehören, unverändert bleiben.

Beispiel: Die Ausführung der Anweisungsfolge

```
CHARACTER*6  A,B,C,D*3
A='*'
B='ABCDEFG'
C='GAFFEN'
C(3:4)='RT'
D='X+Y'
D(2:2)=A
```

erzeugt in A die Zeichenfolge *bbbbb, in B die Zeichenfolge ABCDEF,
in C die Zeichenfolge GARTEN und in D die Zeichenfolge X*Y.


## 5.2.3 Vergleiche von Texten

Zwei Textausdrücke können, wie zwei arithmetische Ausdrücke, durch
einen Vergleichsoperator zu einem Vergleichsausdruck verknüpft werden. Der Wert eines Vergleichsausdrucks ist ein logischer Wert,
also "wahr" oder "falsch". Verwendet werden können alle sechs Vergleichsoperatoren (siehe 3.1).

Vergleiche von Textausdrücken werden prinzipiell zeichenweise von
links nach rechts ausgeführt; bei ungleicher Länge der Operanden
werden an den kürzeren Leerzeichen angehängt.

Ob ein Zeichen "größer" oder "kleiner" als ein anderes ist, hängt
von dem jeweils verwendeten Code ab. In jedem Code wird eine bestimmte Reihenfolge der enthaltenen Zeichen festgelegt, die als
Sortierfolge bezeichnet wird. Jedes Zeichen kann dann mit der Nummer der Position, an der es steht, identifiziert werden; ein Zeichen ist "größer" bzw. "kleiner" als ein anderes, wenn die Nummer
seiner Position in der Sortierfolge größer bzw. kleiner als die des
anderen Zeichens ist.

Die Sortierfolgen verschiedener Codes stimmen i.a. nicht überein.
Deshalb sieht FORTRAN für Vergleiche von Textausdrücken zwei Möglichkeiten vor:

(1) Bei Verwendung eines der vier Vergleichsoperatoren .LE., .LT.,
    .GE. und .GT. wird die Sortierfolge des Code verwendet, mit dem
    der Rechner gewöhnlich arbeitet, also die Sortierfolge z.B. des
    ASCII-Code oder des EBCDIC-Code (siehe Anhang A) oder auch ei-
    nes anderen Code.

(2) Bei Verwendung einer der vier inneren Standardfunktionen LLE,
    LLT, LGE und LGT (siehe Anhang B.4) mit den zu vergleichenden
    Textausdrücken als aktuellen Parametern wird immer die Sortier-
    folge des ASCII-Code zugrunde gelegt.

Unabhängig von der jeweils verwendeten Sortierfolge ist natürlich
die Gleichheit bzw. Ungleichheit von zwei Textausdrücken. So stehen
für diese Vergleiche auch nur die beiden Vergleichsoperatoren .EQ.
und .NE. zur Verfügung.

Zur Verwendung für FORTRAN läßt die Norm alle Codes zu, die folgenden (Mindest-)Anforderungen genügen:

(1) Die (Groß-)Buchstaben sind alphabetisch aufsteigend sortiert,
    d.h. es gilt

        A < B < ..... < Z

(2) Die Ziffern sind nach ihren Werten aufsteigend sortiert, d.h.
    es gilt

        0 < 1 < ..... < 9

(3) Das Leerzeichen ist kleiner als jeder Buchstabe und jede Zif-
    fer, d.h. es gilt b<A und b<0.

(4) Ziffern und (Groß-)Buchstaben sind nicht vermischt, d.h. es
    gilt entweder 9<A oder Z<0.

(5) Die Sonderzeichen des FORTRAN-Zeichensatzes können in der Sor-
    tierfolge an beliebiger Stelle stehen, also insbesondere auch
    eingestreut zwischen die Buchstaben und Ziffern.

Beispiele:

```
Ausdruck                          Wert
'X'.EQ.'X '                       "wahr"
'X'.EQ.' X'                       "falsch"
'DIENSTAG'.LE.'MITTWOCH'          "wahr"
'05'.GT.'01'                      "wahr"
'05'.GT.' 5'                      "wahr"
LLE('A+B','A*B')                  "falsch"
'A+B'.LE.'A*B'                    maschinenabhängig entweder
                                  "wahr" (z.B. EBCDIC) oder
                                  "falsch" (z.B. ASCII)
```

Durch die Vorschriften der Norm wird sichergestellt, daß Texte, die nur aus Ziffern, (Groß-)Buchstaben und Leerzeichen bestehen, in einem FORTRAN-Programm problemlos lexikographisch sortiert werden können. Man beachte jedoch, daß dieses bereits für Texte, die gemischt aus Klein- und Großbuchstaben bestehen, nicht mehr der Fall ist. So besitzt z.B. der Vergleichsausdruck 'A'.NE.'a' immer den Wert "wahr". Vor einem Vergleich von Texten ist man also, wenn man eine alphabetische Sortierung wünscht, i.a. gezwungen, zunächst Kleinbuchstaben in Großbuchstaben umzuwandeln. Ein Unterprogramm, das derartige Umwandlungen ausführt, ist als Beispiel in Abschnitt 5.2.5 angegeben.

## 5.2.4    Die Länge (*)

In drei Fällen kann die Länge einer Textgröße durch die Angabe (*) vereinbart werden:

(1) Wenn der Name einer benannten Konstanten (siehe 2.1.4) mit der Länge (*) vereinbart wird, bestimmt der Rechner die tatsächliche Länge aus der zugehörigen PARAMETER-Anweisung.

(2) Wenn ein formaler Parameter eines externen Unterprogramms mit der Länge (*) vereinbart ist, wird bei jedem Aufruf des Unterprogramms die Länge des entsprechenden aktuellen Parameters verwendet.

(3) Wenn in einer externen Funktion der Name der Funktion und die
    Namen eventueller Eingangspunkte mit der Länge (*) vereinbart
    sind, wird bei jedem Aufruf die Länge verwendet, mit der der
    Funktionsname bzw. der Name des jeweiligen Eingangspunktes im
    rufenden Programm vereinbart ist.

Ausdrücke, bei denen, abgesehen von benannten Konstanten, mindestens ein Operand mit der Länge (*) vereinbart ist, unterliegen in
der Verwendung gewissen Beschränkungen: Sie dürfen nicht angegeben
werden als
(1) aktuelle Parameter in einem Unterprogramm-Aufruf, nicht als
(2) aktuelle Parameter von Anweisungsfunktionen, nicht als
(3) Elemente einer Ausgabeliste, und nicht als
(4) Format in einem Steuerparameter [FMT=] f (siehe 7.1).
Die Größen, die mit der Länge (*) vereinbart sind, unterliegen
selbst diesen Beschränkungen nicht.

Man beachte: Bei Anweisungsfunktionen dürfen weder der Funktionsna-
me selbst noch einer der formalen Parameter mit der Länge (*) vereinbart werden. Ebenso darf weder der Name einer externen Funktion
noch der Name eines Eingangspunktes einer externen Funktion in der
rufenden Programmeinheit mit der Länge (*) vereinbart werden.


5.2.5   Beispiele


(1) Zur Umwandlung von Groß- in Kleinbuchstaben bzw. umgekehrt
    dient das Unterprogramm GROSSB mit dem zusätzlichen Eingangs-
    punkt KLEINB:

```
        CHARACTER*(*) FUNCTION GROSSB(T)
        CHARACTER*(*) KLEINB, T, TAB(2)*26
        TAB(1)='abcdefghijklmnopqrstuvwxyz'
        TAB(2)='ABCDEFGHIJKLMNOPQRSTUVWXYZ'
        GOTO 1
        ENTRY KLEINB(T)
        TAB(1)='ABCDEFGHIJKLMNOPQRSTUVWXYZ'
        TAB(2)='abcdefghijklmnopqrstuvwxyz'
      1 DO 2, L=1,LEN(T),1
```

```
       J= INDEX( TAB(1) ,T( L: L) )
       IF ( J.EQ.0) THEN
          GROSSB( L: L) = T( L: L)
       ELSE
          GROSSB( L: L) = TAB(2) ( J: J)
       ENDIF
     2 CONTINUE
       END
```

Die hier verwendeten Funktionen LEN und INDEX sind innere Standardfunktionen (siehe Anhang B.4).

Mit diesem Unterprogramm liefert die Anweisungsfolge

```
       CHARACTER*6  A,B,C,GROSSB*500,KLEINB*500
       C=' A*B= ab'
       A= GROSSB( C)
       B= KLEINB( C)
```

in A die Zeichenfolge A*B= AB und in B die Zeichenfolge a*b= ab. Sonderzeichen werden durch das Unterprogramm nicht verändert.

Anmerkung: In dieser Anweisungsfolge hätte es natürlich ausgereicht, nicht nur die Variablen A und B, sondern auch die Funktionen GROSSB und KLEINB mit der Länge 6 zu vereinbaren. Die größere Länge von GROSSB und KLEINB läßt allerdings die Möglichkeit offen, in der rufenden Programmeinheit an anderer Stelle auch längere Funktionswerte zu erhalten, nämlich maximal bis zu 500 Zeichen.

In der Praxis wird man das Unterprogramm GROSSB etwas anders formulieren, nämlich unter Verwendung der Anweisung DATA (siehe 8.3), dafür ohne Sprunganweisung und ohne Wertzuweisungen für die Elemente des Feldes TAB. Das Unterprogramm kann etwa lauten:

```
       CHARACTER*( *)  FUNCTION GROSSB( T)
       CHARACTER*( *)  KLEINB, T, TAB(2) *26
       DATA TAB/' ABCDEFGHIJKLMNOPQRSTUVWXYZ',
      *          'abcdefghijklmnopqrstuvwxyz'/,
      *     I/1/
```

```
        I=2
        ENTRY KLEINB( T)
        DO 2, L=1 ,LEN( T) ,1
        J= INDEX( TAB( I) ,T( L: L))
        IF ( J.EQ.0) THEN
           GROSSB( L: L) = T( L: L)
        ELSE
           GROSSB( L: L) = TAB( 3 - I) ( J: J)
        ENDIF
      2 CONTINUE
        I=1
        END
```

Anmerkung: Die Wertzuweisung für I unmittelbar vor dem Rücksprung ist eingefügt, um sicherzustellen, daß das Unterprogramm
auf allen Rechnern einwandfrei läuft. Die Hintergründe hierfür
werden im Zusammenhang mit der SAVE-Anweisung erläutert (siehe
8.5).

(2) Bei einer Konkatenation werden die Zeichenfolgen der Operanden
grundsätzlich in voller Länge aneinandergefügt, also einschließlich aller enthaltenen Leerzeichen. Die Anweisungsfolge

```
        CHARACTER T1 *5 ,T2 *5 ,T3 *10
        T1 = ' X '
        T2 = ' Y '
        T3 = T1 / / ' * ' / / T2
```

liefert so in T3 die Zeichenfolge X*bbbb**Y*bbb*.
Will man bei einer Konkatenation nur die wesentlichen Teile der
Zeichenfolgen, also ohne die eventuell am Ende stehenden Leerzeichen, aneinanderfügen, so muß man die entsprechenden Teilketten als Operanden der Konkatenation angeben. Das folgende
Unterprogramm TRIMLE bestimmt für einen Textausdruck die Länge
des wesentlichen Teils der Zeichenfolge:

```
      INTEGER FUNCTION TRIMLE(T)
      CHARACTER T*(*)
      DO 1, TRIMLE=LEN(T),1,-1
    1 IF (T(TRIMLE:TRIMLE).NE.' ') RETURN
      TRIMLE=1
      END
```

Man beachte, daß dieses Unterprogramm den Wert 1 liefert, wenn
sein aktueller Parameter nur Leerzeichen enthält.

Mit dem Unterprogramm TRIMLE liefert die Anweisungsfolge

```
      CHARACTER T1*5,T2*5,T3*10
      INTEGER TRIMLE
      T1='X'
      T2='Y'
      T3=T1(1:TRIMLE(T1))//'*'//T2(1:TRIMLE(T2))
```

in T3 die Zeichenfolge X*Ybbbbbbbb.


## 5.2.6 Texte als Parameter von Unterprogrammen

Bei (arithmetischen und logischen) Feldern, die als aktuelle Parameter an ein Unterprogramm übergeben werden, braucht die Dimensionierung nicht mit der Dimensionierung des entsprechenden formalen
Parameters übereinzustimmen (siehe 4.5.5). Das gleiche gilt auch
für Textfelder.

Ähnlich braucht, wenn es sich um Textgrößen handelt, die Länge eines aktuellen Parameters nicht mit der Länge des entsprechenden
formalen Parameters übereinzustimmen, solange nur sichergestellt
ist, daß alle Zeichenpositionen, auf die das Unterprogramm mittels
des formalen Parameters zugreift, zu dem Speicherbereich gehören,
den der jeweilige aktuelle Parameter belegt. Für die Praxis heißt
das, daß ein aktueller Parameter dann und nur dann angegeben werden
darf, wenn er die gleiche oder eine größere Länge als der entsprechende formale Parameter besitzt.

Die Länge (*) bewirkt für einen formalen Parameter gerade, daß er
immer die gleiche Länge hat wie der entsprechende aktuelle Parame-

ter. Ist dagegen ein formaler Parameter kürzer als der entsprechende aktuelle Parameter, so wird im Unterprogramm nur auf die links
im aktuellen Parameter stehende Teilkette, und zwar in der Länge
des formalen Parameters, zugegriffen.

Darüber hinaus ist es bei Textfeldern, die als aktuelle Parameter
angegeben werden, auch möglich, den gesamten Inhalt des Feldes oder
beliebige (aufeinanderfolgende) Teile davon im Unterprogramm als
eine zusammenhängende Zeichenfolge zu betrachten. Natürlich können
die Inhalte verschiedener Elemente eines Textfeldes nur dann als
zusammenhängende Zeichenfolge betrachtet werden, wenn diese Elemente im Speicher unmittelbar aufeinanderfolgen.

Beispiel: Gegeben sei das Unterprogramm

```
        SUBROUTINE ANZAHL(T,L,TAB)
        CHARACTER T*(*),ZEI*63
        INTEGER TAB(0:3)
        ZEI(1:11)=' 0123456789'
        ZEI(12:37)='ABCDEFGHIJKLMNOPQRSTUVWXYZ'
        ZEI(38:63)='abcdefghijklmnopqrstuvwxyz'
        DO 1, I=0,3,1
      1 TAB(I)=0
        DO 2, I=1,L,1
*       Berechne: J=1  falls  T(I:I)  ein Leerzeichen
*                   2  falls  T(I:I)  eine Ziffer
*                   3  falls  T(I:I)  ein Buchstabe
*                   0  sonst
        J=INDEX(ZEI,T(I:I))
        IF (J.GT.1) THEN
           IF (J.LE.11) THEN
              J=2
           ELSE
              J=3
           ENDIF
        ENDIF
      2 TAB(J)=TAB(J)+1
        END
```

Dieses Unterprogramm zählt, wie oft in dem Text T mit der Länge L
Leerzeichen, andere Sonderzeichen, (Klein- und Groß-)Buchstaben sowie Ziffern vorkommen.
Obwohl der formale Parameter T als Textvariable und nicht als Textfeld vereinbart ist, kann das Unterprogramm nicht nur für Textausdrücke, sondern auch für Textfelder angewandt werden. So schreibt
etwa die Anweisungsfolge

```
CHARACTER TEXT(2,2)*20
INTEGER ZAHLEN(4)
TEXT(1,1)='+- 12Programmiererin'
TEXT(2,1)='** Matrixelemente **'
TEXT(1,2)='- Textverarbeitung -'
TEXT(2,2)='01234567890123456789'
CALL ANZAHL(TEXT,80,ZAHLEN)
PRINT *, ZAHLEN
PRINT *
CALL ANZAHL(TEXT(1,2),40,ZAHLEN)
PRINT *, ZAHLEN
```

listengesteuert die drei Zeilen

|  |  |  |  |
|---|---|---|---|
| 8 | 5 | 22 | 45 |
| 2 | 2 | 20 | 16 |

Durch den ersten Aufruf wird also die Zählung für die ganze Matrix
TEXT, durch den zweiten Aufruf nur für ihre zweite Spalte ausgeführt.

# 6  Arbeiten mit Dateien

## 6.1  Grundbegriffe

### 6.1.1  Sätze

Ein (Daten-)Satz (record) ist eine Folge von Daten, die in gewissem
Sinne zusammengehören, z.B. der Inhalt einer Lochkarte oder der Inhalt einer Zeile eines Zeilendruckers.

Ein Satz wird als formatierter Satz bezeichnet, wenn er aus Daten
in einer externen Darstellung besteht, und als unformatierter Satz,
wenn er aus Daten in einer internen Darstellung besteht. Die Übertragung eines Satzes aus dem Hauptspeicher in einen externen Speicher oder umgekehrt aus einem externen Speicher in den Hauptspeicher wird entsprechend als formatierte bzw. unformatierte Übertragung oder Ein-/Ausgabe bezeichnet.

Ob ein Satz, der ausgegeben werden soll, formatiert sein muß oder
unformatiert sein darf, hängt nicht zuletzt von dem externen Speicher ab, in den er übertragen werden soll: Sätze, die auf einen
Zeilendrucker oder ein Bildschirmgerät ausgegeben werden sollen,
müssen z.B. immer formatiert sein; dagegen hat der Programmierer
bei Magnetspeichern aller Art i.a. die Wahl zwischen formatierter
und unformatierter Ausgabe.
Umgekehrt kann ein Satz natürlich immer nur so gelesen werden, wie
er geschrieben wurde. Ein formatiert geschriebener Satz kann also
nur formatiert und ein unformatiert geschriebener Satz nur unformatiert gelesen werden.

Die Länge eines formatierten Satzes ist die Anzahl der enthaltenen
Zeichen; die Länge eines unformatierten Satzes ist die Anzahl der
Worte, die zur Aufnahme der enthaltenen Werte benötigt werden. Wie
lang ein Satz sein kann, hängt von dem jeweiligen externen Speicher
ab. So wird z.B. durch die Länge der Zeile eines Zeilendruckers
festgelegt, wie lang ein (formatierter) Satz höchstens sein darf,
der auf diesen Drucker ausgegeben werden soll. Bei Magnetspeichern
aller Art gibt es dagegen i.a. keine Beschränkungen für die Länge
eines Satzes.

Sowohl ein formatierter als auch ein unformatierter Satz kann leer sein; er besitzt dann die Länge Null. Daneben gibt es spezielle Sätze, die weder formatiert noch unformatiert sind; diese Sätze besitzen keine Länge.

Die Umwandlungen zwischen interner und externer Darstellung, die bei formatierter Ein-/Ausgabe erforderlich werden, werden im Rahmen der jeweiligen Ein-/Ausgabeanweisung ausgeführt. Für den Programmierer gibt es hier zwei Möglichkeiten:

(1) Bei der formatgesteuerten Ein-/Ausgabe muß er selbst detailliert die vorzunehmenden Umwandlungen beschreiben (siehe 7.1).

(2) Bei der listengesteuerten Ein-/Ausgabe wählt der Rechner aufgrund von Standard-Vorgaben anhand der Typen der Elemente der Ein-/Ausgabeliste die vorzunehmenden Umwandlungen aus (siehe 7.2).


## 6.1.2   Dateien

Eine Datei (file) ist eine Menge von Sätzen, die in gewissem Sinne in sich abgeschlossen ist. So können z.B. die Daten, die ein Programm während seiner Ausführung liest, eine Datei bilden.

Eine Datei kann leer sein, also keinen Satz enthalten. Insbesondere ist jede Datei leer, bevor ihr erster Satz geschrieben wird.

FORTRAN unterscheidet zwischen internen und externen Dateien: Eine interne Datei (siehe 7.3) besteht aus einer Textvariablen, einem Textfeld, einem Element eines Textfeldes oder einer Teilkette. Eine Datei, die keine interne Datei ist, ist eine externe Datei (eine "Datei außerhalb des Programms").
Externe Dateien werden vom Betriebssystem der Rechenanlage verwaltet. Sie werden i.a. durch Dateinamen gekennzeichnet; für den Aufbau dieser Dateinamen gelten anlagenspezifische Regeln, die sich zumeist von den Regeln für den Aufbau von FORTRAN-Namen unterscheiden.

Die Norm schreibt vor, daß jede Datei entweder nur formatierte oder nur unformatierte Sätze enthalten darf. Man kann deshalb kurz von formatierten bzw. unformatierten Dateien sprechen.

Interne Dateien sind immer formatiert. Ebenso sind gewisse externe Dateien immer formatiert, z.B. Dateien, die zur Ausgabe auf ein Bildschirmgerät oder einen Zeilendrucker bestimmt sind; bei anderen externen Dateien kann der Programmierer vor dem (erstmaligen) Beschreiben festlegen, ob die Datei formatiert oder unformatiert sein soll.

Wenn in der Folge kurz der Begriff "Datei" verwendet wird, soll damit immer eine externe Datei gemeint sein.

Teilweise werden auch die Begriffe Eingabedatei und Ausgabedatei verwendet, um anzudeuten, daß aus einer Datei nur gelesen bzw. in eine Datei nur geschrieben werden kann.

Jedem FORTRAN-Programm werden zwei externe Dateien automatisch zur Verfügung gestellt: die Standard-Eingabedatei und die Standard-Ausgabedatei.

## 6.1.3   Dateinummern

Interne Dateien können in FORTRAN-Programmen direkt über ihren Namen angesprochen werden. Bei externen Dateien ist das grundsätzlich nicht möglich; vielmehr muß einer externen Datei zunächst eine Dateinummer (unit identifier) zugeordnet werden. Dateinummern sind nichtnegative ganze Zahlen.

Die Zuordnung zwischen einer Datei und einer Dateinummer kann aus dem Programm heraus erfolgen. Falls die Datei nicht bereits existierte, beginnt die Existenz mit dem erfolgreichen Abschluß der Zuordnung, werden gleichzeitig mit der Zuordnung auch ihre Eigenschaften festgelegt.

Für benannte Dateien läßt die Norm auch zu, daß die Zuordnung einer Dateinummer bereits vorab vorgenommen wird, d.h. bevor die Ausführung des Programms beginnt, das auf die Datei zugreifen soll. Solche Zuordnungen müssen, falls die Datei nicht bereits existierte, richtiger als "Zuordnung zwischen einem Dateinamen und einer Dateinummer" bezeichnet werden: Mit der Zuordnung beginnt i.a. weder die Existenz der Datei noch werden bei der Zuordnung Eigenschaften der

Datei festgelegt.

Wie eine Zuordnung außerhalb eines Programms vorgenommen werden
kann, hängt natürlich von der jeweiligen Rechenanlage ab.

Eine Zuordnung kann im Verlauf eines Programms wieder gelöst werden. Danach kann einer benannten Datei, sofern ihre Existenz nicht
mit dem Lösen der vorherigen Zuordnung beendet wurde, eine andere
Dateinummer und die Dateinummer einer anderen Datei zugeordnet werden.


6.1.4   Zugriff und Positionierung


Wenn ein Satz einer Datei gelesen oder geschrieben werden soll, muß
die Datei geeignet positioniert sein. Man kann sich das so vorstel-
len, daß am Beginn der Übertragung ein Zeiger gesetzt sein muß, der
auf den Anfang des zu übertragenden Satzes verweist. Mit der Übertragung ändert sich die Positionierung; nach ihrem Abschluß ist die
Datei unmittelbar hinter dem übertragenen Satz positioniert.

Bei Dateien mit sequentiellem Zugriff (sequential file), kurz: sequentielle Datei, braucht der Programmierer sich nicht selbst um
die Positionierung zu kümmern. Bevor die erste Datenübertragung
erfolgt, wird die Datei automatisch auf ihren Anfang positioniert,
d.h. auf den Anfang ihres ersten Satzes. Nach jeder Übertragung
wird, wie beschrieben, die Datei automatisch hinter den soeben
übertragenen Satz positioniert, und damit auf den Beginn des nächsten Satzes. Praktisch wird also beim Schreiben einer sequentiellen
Datei eine Reihenfolge ihrer Sätze festgelegt; ein erneutes Lesen
der Sätze kann nur in dieser Reihenfolge erfolgen. Daneben besteht
für sequentielle Dateien, unter gewissen Voraussetzungen, nur die
Möglichkeit, sie wieder auf den Anfang ihres ersten Satzes zu positionieren, oder auch auf den Anfang des Satzes, hinter dem sie momentan positioniert ist, d.h. um einen Satz "zurückzusetzen" (siehe
6.5).

Anders ist das bei Dateien mit direktem Zugriff (direct file),
kurz: direkte Datei. Die Sätze von direkten Dateien werden mit
Satznummern, positiven ganzen Zahlen, identifiziert. Die Satznum-

mer, die der Programmierer bei jeder Anweisung zur Datenübertragung
anzugeben hat, bewirkt eine entsprechende Positionierung vor dem
Beginn der Übertragung. Die Sätze einer direkten Datei können entsprechend in beliebiger Reihenfolge gelesen und geschrieben werden,
z.B. erst Satz 3, dann Satz 15, anschließend Satz 1, usw.. Ein
Satz, der einmal geschrieben worden ist, kann nicht wieder vollständig gelöscht, sondern nur durch einen anderen Satz überschrieben werden. Ebenso kann die Nummer eines Satzes, nachdem sie einmal
festgelegt worden ist, direkt nicht mehr verändert werden. Natürlich besteht die Möglichkeit, Änderungen indirekt vorzunehmen: Soll
z.B. der Satz, der bislang die Nummer 17 hatte, die Nummer 9 erhalten, so kann man ihn zunächst lesen und dann mit der (neuen) Nummer
9 wieder schreiben. Da hierbei der Satz 17 seinen alten Inhalt behält, muß man ihn ggf. noch überschreiben, z.B. mit Leerzeichen,
wenn er formatiert ist, oder mit Nullen, wenn er unformatiert ist;
vollständig gelöscht werden kann er nicht.

Für direkte Dateien sieht die Norm gewisse Einschränkungen vor:
(1) Alle Sätze einer direkten Datei müssen die gleiche Länge besit-
    zen.
(2) Für formatierte direkte Dateien ist nur formatgesteuerte, nicht
    jedoch listengesteuerte Ein-/Ausgabe zulässig (siehe 7.1).
(3) Ein Satz darf erst gelesen werden, nachdem er (vom selben oder
    auch einem anderen Programm) geschrieben wurde.

Die Organisationsform einer Datei läßt sich, nachdem sie einmal
festgelegt ist, nicht mehr ändern; so kann eine Datei, die sequentiell beschrieben wurde, nur wieder sequentiell gelesen werden.
Einzige Ausnahme: Eine Datei, die als direkte Datei geschrieben
wurde, kann sequentiell gelesen werden; die Sätze werden dann in
der Reihenfolge ihrer Satznummern geliefert, und zwar in der Reihenfolge 1, 2, 3, ... unabhängig davon, ob Sätze mit diesen Nummern
geschrieben worden waren oder nicht. Da unverändert die Einschränkung gilt, daß nur Sätze gelesen werden dürfen, die zuvor geschrieben wurden, können nur "lückenlos" beschriebene direkte Dateien sequentiell gelesen werden.

Ob eine Datei direkt sein kann oder sequentiell sein muß, hängt so-

wohl von dem Speichermedium ab, auf dem sie sich befindet, als auch
von ihrer geplanten Verwendung. So sind z.B. Dateien auf Lochkarten
immer sequentiell; ebenso müssen Dateien, die zur Ausgabe auf ein
Bildschirmgerät oder einen Zeilendrucker bestimmt sind, sequentiellen Zugriff erlauben; bei Dateien auf Magnetplatten oder Magnet-
trommeln, die durch ein (FORTRAN-)Programm geschrieben und auch
wieder gelesen werden sollen, kann der Programmierer dagegen i.a.
wählen, wie die Datei organisiert sein soll.


6.1.5    Dateiende

Sequentielle Dateien können hinter ihrem letzten Datensatz noch einen speziellen Satz zur Kennzeichnung des Dateiendes enthalten, den
EOF-Satz (End Of File). Dieser Satz ist weder formatiert noch unformatiert, besitzt entsprechend keine Länge.

Beim Erstellen einer Datei muß der Programmierer i.a. selbst durch
eine spezielle Anweisung dafür sorgen, daß ein EOF-Satz geschrieben
wird. Beim Lesen einer Datei läßt sich ein EOF-Satz vom Programm
aus als solcher erkennen, so daß dann im Programm entsprechend rea-
giert werden kann (siehe 6.2.4).


6.2    Die Anweisungen

FORTRAN kennt drei Gruppen von Ein-/Ausgabeanweisungen:

(1) Zur Datenübertragung dienen die Anweisungen

     READ            (siehe 6.4)

     WRITE           (siehe 6.4)

     PRINT           (siehe 6.4)

(2) Zur Positionierung sequentieller Dateien dienen die Anweisungen

     BACKSPACE       (siehe 6.5)

     REWIND          (siehe 6.5)

     ENDFILE         (siehe 6.5)

(3) Zur Dateiverwaltung dienen die Anweisungen

|          |             |
|----------|-------------|
| OPEN     | (siehe 6.3) |
| CLOSE    | (siehe 6.6) |
| INQUIRE  | (siehe 6.7) |

Viele FORTRAN-Versionen kennen zusätzlich die von der Norm nicht vorgeschriebene Anweisung

|          |             |
|----------|-------------|
| PUNCH    | (siehe 6.5) |

die ebenfalls zur Datenübertragung dient.


6.2.1    Aufbau der Anweisungen

Die Anweisungen können in der allgemeinen Form

    name(stliste) [ealiste]

und/oder in der Kurzform

    name stpar [,ealiste]

geschrieben werden. Hierin sind:

name     Schlüsselwort zur Bezeichnung der Anweisung
stliste  Liste von Steuerparametern
stpar    einzelner Steuerparameter
ealiste  Ein-/Ausgabeliste

Die allgemeine Form steht für alle Anweisungen außer PRINT (und PUNCH), die Kurzform für alle Anweisungen außer WRITE, OPEN, CLOSE und INQUIRE zur Verfügung.

Eine Ein-/Ausgabeliste kann bei allen Anweisungen zur Datenübertragung angegeben werden; bei allen anderen Anweisungen entfällt sie.

Zur Verfügung stehen insgesamt 22 verschiedene Steuerparameter. Von diesen werden in diesem Abschnitt 4 erläutert, die restlichen 18 später im Zusammenhang mit den einzelnen Anweisungen. Einige Steuerparameter besitzen Kurzformen, bei deren Verwendung der Programmierer bestimmte Reihenfolgen einhalten muß; sonst können Steuerparameter in beliebiger Reihenfolge angegeben werden. In jeder Liste von Steuerparametern darf jeder Steuerparameter, der für die Anweisung überhaupt zulässig ist, höchstens einmal stehen.


## 6.2.2 Der Steuerparameter UNIT

Bei den Ein-/Ausgabeanweisungen muß zumeist explizit angegeben werden, auf welche Datei zugegriffen werden soll. Diese Angabe erfolgt durch den Steuerparameter

[UNIT=]u

Hier bestehen für u folgende Möglichkeiten:

(1) Bei allen Anweisungen, bei denen überhaupt die Datei anzugeben ist, auf die zugegriffen werden soll, kann u die Dateinummer einer externen Datei in der Form eines INTEGER-Ausdrucks sein.

(2) Nur bei READ- und WRITE-Anweisungen in der allgemeinen Form kann u ein Stern sein. Damit wird gekennzeichnet, daß aus der Standard-Eingabedatei gelesen bzw. in die Standard-Ausgabedatei geschrieben werden soll.

(3) Ebenfalls nur bei READ- und WRITE-Anweisungen in der allgemeinen Form kann u der Name einer internen Datei sein (siehe 7.3).

Bei den Kurzformen der Anweisungen zur Positionierung sequentieller Dateien muß u immer ohne das Schlüsselwort UNIT= angegeben werden. In einer Liste von Steuerparametern darf das Schlüsselwort UNIT= weggelassen werden, wenn u an erster Stelle in der Liste steht.

Ausnahmen sind die Kurzform der Anweisung READ sowie die Anweisungen PRINT und, soweit verfügbar, PUNCH. Bei ihnen ist die Dateinummer nicht explizit anzugeben, sondern steckt bereits implizit im Namen der Anweisung: READ liest aus der Standard-Eingabedatei, PRINT schreibt in die Standard-Ausgabedatei und PUNCH schreibt in eine Standard-Stanzdatei.


## 6.2.3 Behandlung von Fehlern

Zwei Steuerparameter dienen zur Behandlung von Fehlern, die während einer Ein-/Ausgabeoperation auftreten können, nämlich

        ERR= s

mit einer Marke s, sowie

        IOSTAT= ios

mit einer Variablen oder einem Feldelement ios vom Typ INTEGER.

Bei Beendigung einer Ein-/Ausgabeoperation ohne Fehler hat der Parameter ERR= s keine Wirkung, erhält ios einen Wert kleiner oder gleich Null. Tritt dagegen während einer Ein-/Ausgabeoperation ein Fehler auf, passiert folgendes:

(1) Die Ein-/Ausgabeoperation wird beendet. Falls es sich um eine Operation handelt, die die Positionierung der Datei beeinflußt, wird die Positionierung der Datei unbestimmt; falls durch die Anweisung gelesen werden sollte, werden die Werte aller Elemente der Eingabeliste undefiniert.

(2) Falls keiner der beiden Parameter angegeben ist, wird das Programm insgesamt beendet.

(3) Falls der Parameter IOSTAT= ios angegeben ist, erhält ios einen Wert größer als Null. Die Norm legt diesen Wert nicht weiter fest; unterschiedliche Fehler können also anlagenabhängig durch unterschiedliche Werte gekennzeichnet werden.

(4) Falls der Parameter ERR= s angegeben ist, erfolgt ein Sprung zu der Marke s; sonst wird das Programm normal fortgesetzt.

Falls in einer Ein-/Ausgabeanweisung nur der Parameter IOSTAT= ios angegeben ist und nicht der Parameter ERR= s, ist der Programmierer i.a. gezwungen, unmittelbar nach der Anweisung anhand des Wertes von ios zu überprüfen, ob die Anweisung fehlerfrei beendet wurde oder nicht.


## 6.2.4    Erkennen des Dateiendes


Zwei Steuerparameter ermöglichen es, aus dem Programm heraus zu erkennen, ob bei einer sequentiellen Eingabeoperation der EOF-Satz der Datei gelesen wurde, nämlich

        END= s

mit einer Marke s, sowie erneut

        IOSTAT= ios

mit einer Variablen oder einem Feldelement ios vom Typ INTEGER.

Falls bei einer Eingabeoperation nicht der EOF-Satz gelesen wurde,
hat der Parameter END=s keine Wirkung, erhält ios einen Wert größer
oder gleich Null. Wird dagegen erkannt, daß der EOF-Satz der Datei
gelesen wurde, passiert folgendes:

(1) Die Eingabeoperation wird beendet. Die Werte aller Elemente der
    Eingabeliste werden undefiniert.

(2) Falls keiner der beiden Parameter angegeben ist, wird das Pro-
    gramm insgesamt beendet.

(3) Falls der Parameter IOSTAT=ios angegeben ist, erhält ios einen
    Wert kleiner als Null.

(4) Falls der Parameter END=s angegeben ist, erfolgt ein Sprung zu
    der Marke s; sonst wird das Programm normal fortgesetzt.

Falls in einer Eingabeanweisung nur der Parameter IOSTAT=ios und
nicht der Parameter END=s angegeben ist, ist der Programmierer i.a.
gezwungen, unmittelbar nach der Anweisung anhand des Wertes von ios
zu überprüfen, ob durch die Anweisung der EOF-Satz gelesen wurde
oder nicht.


6.2.5    Ein-/Ausgabelisten


Elemente von Ein-/Ausgabelisten können sein:
(1) Variablen
(2) Feldelemente
(3) Teilketten
(4) Felder
    Hier greift die Operation nacheinander auf alle Feldelemente in
    der Reihenfolge zu, in der sie im Speicher aufeinanderfolgen.
    Die tatsächliche Größe der Felder muß der jeweiligen Programm-
    einheit bekannt sein, d.h. in Unterprogrammen dürfen in einer

Ein-/Ausgabeliste nur Felder angegeben werden, bei denen in der Vereinbarung die obere Grenze für den Index der letzten Dimension sion nicht durch einen Stern beschrieben wird.

(5) Implizite DO-Elemente der Form

        (doliste, i= e1 ,e2[ ,e3])

Hierin ist doliste eine Ein-/Ausgabeliste.

i, e1, e2 und e3 haben dieselbe Bedeutung und unterliegen denselben Regeln wie bei der DO-Anweisung (siehe 2.5). Nur wird hier für jeden Wert der Laufvariablen i nicht eine Folge von Anweisungen ausgeführt, sondern eine Folge von Listenelementen erzeugt. Man beachte: Eine doliste darf ihrerseits implizite DO-Elemente enthalten; geschachtelte implizite DO-Elemente werden von innen nach außen abgearbeitet.

Zusätzlich dürfen Ausgabelisten, nicht jedoch Eingabelisten, als Elemente enthalten:

(6) Ausdrücke beliebiger Art mit zwei Ausnahmen:
   - Operanden von Konkatenationen dürfen nur dann mit der Länge (*) vereinbart sein, wenn es sich bei ihnen um benannte Konstanten handelt.
   - Funktionsunterprogramme, die selbst Ein-/Ausgabeoperationen vornehmen, dürfen nicht aufgerufen werden.

Beispiel: In einem Programm sei vereinbart

        DIMENSION A(3 ,2)

Dann wird durch die drei Ein-/Ausgabelisten

        A
        A(1 ,1) ,A(2 ,1) ,A(3 ,1) ,A(1 ,2) ,A(2 ,2) ,A(3 ,2)
        (( A( I, J) , I=1 ,3) ,J=1 ,2)

jeweils in der gleichen Reihenfolge (spaltenweise) auf alle Elemente des Feldes A zugegriffen. Zeilenweise wird dagegen durch die beiden Ein-/Ausgabelisten

        A(1 ,1) ,A(1 ,2) ,A(2 ,1) ,A(2 ,2) ,A(3 ,1) ,A(3 ,2)
        (( A( I, J) , J=1 ,2) , I=1 ,3)

auf alle Elemente des Feldes A zugegriffen.

6.3      O̲P̲E̲N̲

Durch die Anweisung

         OPEN(stliste)

kann aus einem Programm heraus die Zuordnung zwischen einer Datei
und einer Dateinummer vorgenommen werden. Gleichzeitig werden durch
die Anweisung die Eigenschaften der Datei festgelegt.

Immer anzugeben ist der Steuerparameter

         [UNIT=]u            (siehe 6.2.2)

Daneben stehen folgende Steuerparameter zur Verfügung:

         IOSTAT=ios          (siehe 6.2.3)
         ERR=s               (siehe 6.2.3)
         FILE=fn
         STATUS=sta
         ACCESS=acc
         FORM=fm
         RECL=rl
         BLANK=blnk


6.3.1    D̲e̲r̲ ̲S̲t̲e̲u̲e̲r̲p̲a̲r̲a̲m̲e̲t̲e̲r̲ ̲F̲I̲L̲E̲

Im Steuerparameter FILE=fn bezeichnet fn den Namen der Datei, der
die Dateinummer u zuzuordnen ist. fn muß ein Textausdruck sein, der
linksbündig den (nach anlagenspezifischen Regeln aufgebauten) Namen
der Datei enthält. Dem Namen dürfen Leerzeichen beliebig folgen.

Wenn der Steuerparameter FILE=fn angegeben ist, bestehen mehrere
Möglichkeiten:

(1) Falls die Datei fn und die Dateinummer u einander bereits durch
    eine OPEN-Anweisung zugeordnet sind, müssen alle Steuerparame-
    ter, die Eigenschaften der Datei beschreiben, außer BLANK=blnk,
    dieselben Werte wie zuvor besitzen. Ein neuer Wert von blnk er-
    setzt den alten Wert.

(2) Unzulässig ist es, einer Datei, der bereits eine Dateinummer

zugeordnet ist, eine zweite Dateinummer zuzuordnen.

(3) Falls die Dateinummer u bereits einer anderen Datei zugeordnet
    ist, wird diese Zuordnung zunächst durch eine (automatische)
    CLOSE-Anweisung gelöst (siehe 6.6). Anschließend wird die neue
    Zuordnung wie in einem der folgenden Fälle vorgenommen.

(4) Falls eine Datei fn noch nicht existiert, wird zunächst die Zu-
    ordnung zwischen ihr und der Dateinummer u vorgenommen, sofern
    diese Zuordnung nicht bereits vorab erfolgt war.
    Außerdem werden, unabhängig davon, ob die Zuordnung vorab oder
    durch die OPEN-Anweisung hergestellt wurde, die Eigenschaften
    der neuen Datei fn anhand der weiteren Steuerparameter festge-
    legt. Man beachte: Zuordnungen zwischen Dateien und Dateinum-
    mern außerhalb eines Programms legen, anders als Zuordnungen
    durch OPEN-Anweisungen, keine Eigenschaften einer Datei fest.

(5) Falls eine Datei fn bereits existiert, wird nur die Zuordnung
    zwischen ihr und der Dateinummer u vorgenommen. Bei den restli-
    chen Steuerparametern wird geprüft, ob sie für die Datei fn zu-
    lässig sind.

Wenn der Steuerparameter FILE=fn nicht angegeben ist, bestehen
ebenfalls mehrere Möglichkeiten:

(6) Falls die Dateinummer u durch eine vorhergehende OPEN-Anweisung
    einer Datei zugeordnet wurde, wird wie im Fall (1) verfahren.

(7) Falls die Dateinummer u außerhalb des Programms vorab einer Da-
    tei zugeordnet wurde, wird wie im Fall (4) bzw. (5) verfahren.

(8) Falls die Dateinummer u noch keiner Datei zugeordnet wurde,
    wird eine neue, unbenannte Datei eingerichtet. Diese erhält die
    Eigenschaften, die durch die restlichen Parameter festgelegt
    werden.

Eine einmal vorgenommene Zuordnung gilt für alle Programmeinheiten
des ausführbaren Programms und bleibt so lange bestehen, bis eine
entsprechende CLOSE-Anweisung (siehe 6.6) ausgeführt wird. Zuordnungen, die durch OPEN-Anweisungen vorgenommen wurden, enden jedoch
spätestens mit der Beendigung des Programms.

## 6.3.2 Der Steuerparameter STATUS

Der Steuerparameter STATUS=sta beschreibt die Existenz einer Datei.
sta ist ein Textausdruck, der, abgesehen von zusätzlichen, nachfolgenden Leerzeichen, linksbündig einen der folgenden Werte besitzen
muß:

OLD       Die Datei existiert bereits.

NEW       Die Datei existiert noch nicht. Nach regulärem Abschluß
          der OPEN-Anweisung existiert sie, ihr Status wird OLD.

SCRATCH   Die Datei ist temporär, d.h. ihre Existenz beginnt mit
          dem (regulären) Abschluß der OPEN-Anweisung und endet mit
          einer entsprechenden CLOSE-Anweisung (siehe 6.6), späte-
          stens jedoch mit der Beendigung des Programms. Temporäre
          Dateien müssen unbenannt sein.

UNKNOWN   Der Status der Datei wird (anlagenabhängig) vom Rechner
          selbst bestimmt.

Die Werte OLD und NEW sind nur zulässig, wenn der Parameter FILE=fn
angegeben ist; die Operation führt zu einem Fehler, wenn der tatsächliche Status der Datei dem angegebenen Wert nicht entspricht.

Falls der Parameter nicht angegeben ist, wird STATUS='UNKNOWN'
automatisch ergänzt.

## 6.3.3 Die Parameter ACCESS, FORM, RECL und BLANK

Die restlichen vier Parameter beschreiben die Eigenschaften einer
Datei.

Der Parameter ACCESS=acc gibt die Art des Zugriffs an. acc ist ein
Textausdruck, der, von zusätzlichen, nachfolgenden Leerzeichen ab-
gesehen, linksbündig den Wert SEQUENTIAL oder DIRECT enthalten muß.
Falls der Parameter nicht angegeben ist, wird ACCESS='SEQUENTIAL'
automatisch ergänzt.
Bei einer Datei, die bereits existiert, muß die angegebene Art des
Zugriffs für diese Datei zulässig sein.

Der Parameter FORM=fm gibt an, ob die Datei formatiert oder unfor-

matiert ist. fm ist ein Textausdruck, der, von zusätzlichen, nachfolgenden Leerzeichen abgesehen, linksbündig den Wert FORMATTED
oder UNFORMATTED enthalten muß. Falls der Parameter fehlt, wird für
sequentielle Dateien der Parameter FORM='FORMATTED' und für direkte
Dateien der Parameter FORM='UNFORMATTED' verwendet.

Nur für direkte Dateien darf und muß der Parameter RECL=rl angegeben werden. Der INTEGER-Ausdruck rl muß einen Wert größer als Null
besitzen; er legt die Länge der Sätze der Datei fest, bei formatierten Sätzen gemessen in Zeichen und bei unformatierten Sätzen
gemessen in Worten.

Nur für formatierte Dateien darf der Parameter BLANK=blnk angegeben
werden. blnk ist ein Textausdruck, der, abgesehen von zusätzlichen,
nachfolgenden Leerzeichen, den Wert NULL oder ZERO haben muß. Der
Parameter beschreibt, ob beim formatgesteuerten Lesen eines numerischen Wertes Leerzeichen, die in der Zeichenfolge enthalten sind,
ignoriert (BLANK='NULL') oder als Nullen (BLANK='ZERO') interpretiert werden sollen. Eine Zeichenfolge, die nur aus Leerzeichen besteht, ergibt in jedem Falle den Wert Null.
Falls der Parameter fehlt, wird BLANK='NULL' ergänzt.


6.4     Datenübertragung

6.4.1   READ und WRITE


Datenübertragungen aus einer Datei in den Hauptspeicher bewirkt die
Anweisung

        READ(stliste) [ealiste]

und Datenübertragungen aus dem Hauptspeicher in eine Datei die Anweisung

        WRITE(stliste) [ealiste]

Als einziger Steuerparameter muß bei beiden Anweisungen

        [UNIT=]u            (siehe 6.2.2)

angegeben werden. Daneben können bei beiden Anweisungen angegeben
werden:

```
      [FMT=] f
      REC= rn
      IOSTAT= ios          (siehe 6.2.3 bzw. 6.2.4)
      ERR= s               (siehe 6.2.3)
```

Nur bei READ-Anweisungen kann zusätzlich der Parameter

```
      END= s               (siehe 6.2.4)
```

angegeben werden.

Der Parameter [FMT=] f gibt an, daß es sich um eine formatierte Übertragung handelt. Die Angabe f kann ein Format bezeichnen oder ein Stern sein; im ersten Fall erfolgt die Übertragung formatgesteuert (siehe 7.1), im zweiten listengesteuert (siehe 7.2). Falls das Schlüsselwort FMT= weggelassen wird, muß f an zweiter Stelle in der Liste stehen, muß außerdem die Dateinummer u ohne das Schlüsselwort UNIT= an erster Stelle stehen. Falls der Parameter ganz fehlt, erfolgt eine unformatierte Übertragung.

Nur bei Zugriffen auf direkte Dateien darf und muß der Parameter REC= rn angegeben werden. Der Wert des INTEGER-Ausdrucks rn ergibt die Nummer des Satzes, der übertragen werden soll.

Beispiele:

(1)          WRITE(9)  A

In die sequentielle, unformatierte Datei mit der Nummer 9 wird der Wert der Variablen A als ein Satz geschrieben.
Die gleiche Wirkung hat z.B. auch die Anweisungsfolge

```
      I=3
      WRITE(I+6)  A
```

(2)          INTEGER K(-5:5)
             READ(END=17,FMT=*,UNIT=*) (K(I),I=-5,5,5)

Aus der Standard-Eingabedatei werden Werte für K(-5), K(0) und K(5) formatiert gelesen. Die Umwandlung erfolgt listengesteuert; falls bei der Operation der EOF-Satz gelesen wird, erfolgt ein Sprung zur Marke 17.
Kürzer kann man auch schreiben

```
        INTEGER K(-5:5)
        READ(*,*,END=17) (K(I),I=-5,5,5)
```

Der erste Stern bezeichnet hier die Eingabe aus der Standard-
Eingabedatei, der zweite die listengesteuerte Umwandlung.

(3)     REAL A(100)
```
        L=104
        M=12
        READ(M,REC=L,ERR=81) A
```

Aus der direkten Datei mit der Nummer 12 wird der Satz mit der
Nummer 104 gelesen. Der Satz muß unformatiert sein und 100
REAL-Werte enthalten, die in die Elemente von A übertragen wer-
den. Falls während des Lesens ein Fehler auftritt, erfolgt ein
Sprung zur Marke 81.


6.4.2   Kurzformen


Speziell zum Lesen der Standard-Eingabedatei gibt es die Kurzform

```
        READ f [,ealiste]
```

und zum Schreiben in die Standard-Ausgabedatei die Anweisung

```
        PRINT f [,ealiste]
```

Sprachversionen für Rechner, bei denen die Möglichkeit zum Stanzen
von Lochkarten besteht, kennen vielfach daneben zum Schreiben in
eine Standard-Stanzdatei die Anweisung

```
        PUNCH f [,ealiste]
```

Da diese Standard-Dateien immer formatiert sind, muß als Parameter
f stets die Art der Formatierung angegeben werden, und zwar, wie
bei der allgemeinen Form, entweder durch ein Format oder einen
Stern. Weitere Steuerparameter können nicht angegeben werden.

Äquivalent sind so zum einen die beiden Anweisungen

```
        READ(*,*) [ealiste]
        READ * [,ealiste]
```

und zum anderen die beiden Anweisungen

```
          WRITE(*,*) [ealiste]
          PRINT * [,ealiste]
```

sofern die jeweiligen Ein-/Ausgabelisten übereinstimmen.


6.5      Positionierung_sequentieller_Dateien

Zur Positionierung sequentieller Dateien stehen die drei Anweisungen

```
          BACKSPACE(stliste)
          ENDFILE(stliste)
          REWIND(stliste)
```

oder in Kurzform

```
          BACKSPACE u
          ENDFILE u
          REWIND u
```

zur Verfügung.

Anzugeben ist immer der Parameter

```
     [UNIT=]u              (siehe 6.2.2)
```

Außerdem können bei Verwendung der allgemeinen Form die Parameter

```
     IOSTAT=ios            (siehe 6.2.3)
     ERR=s                 (siehe 6.2.3)
```

angegeben werden.

Alle drei Anweisungen sind für die Standard-Ein-/Ausgabedateien
nicht zulässig.

Die Anweisung BACKSPACE positioniert die Datei mit der Nummer u
wieder auf den Anfang des Satzes, hinter dessen Ende sie momentan
positioniert ist, d.h. die Datei wird um einen Satz "zurückge-
setzt".
Die Datei mit der Nummer u muß existieren; falls sie auf den Anfang
ihres ersten Satzes positioniert ist, hat die Anweisung keine Wirkung.
Zulässig ist die Anweisung BACKSPACE nur dann, wenn der Satz, auf

dessen Anfang die Datei positioniert werden soll, durch ein
FORTRAN-Programm formatgesteuert oder unformatiert geschrieben worden ist, oder wenn es sich bei ihm um einen EOF-Satz handelt. Ein
Zurücksetzen über einen Satz, der durch ein FORTRAN-Programm
listengesteuert geschrieben worden ist, ist dagegen _nicht_ möglich.

Die Anweisung REWIND positioniert die Datei mit der Nummer u auf
den Anfang ihres ersten Satzes. Sie hat keine Wirkung, wenn die Datei dort bereits positioniert war.

Die Anweisung ENDFILE schreibt in die Datei mit der Nummer u einen
EOF-Satz, und zwar an die Stelle, auf die die Datei gerade positioniert ist. Anschließend wird die Datei hinter den EOF-Satz positioniert.

Bevor aus der Datei oder in die Datei eine weitere Datenübertragung
erfolgen kann, muß die Datei zunächst durch BACKSPACE- oder REWIND-
Anweisungen wieder vor den EOF-Satz positioniert werden.

Beispiel: Zu einer (unbekannten) Anzahl von Meßwerten soll der Mittelwert berechnet werden. Außerdem sollen die Meßwerte und ihre Abweichungen vom Mittelwert aufgelistet werden. Die Meßwerte sollen
jeweils als ein Satz der Standard-Eingabedatei vorliegen, die Ausgabe soll listengesteuert in die Standard-Ausgabedatei erfolgen.
Zunächst müssen die Meßwerte gelesen und ihr Mittelwert gebildet
werden. Da ihre Anzahl unbekannt ist, können sie nicht in einem
Feld gespeichert werden; da andererseits die Sätze der Standard-
Eingabedatei nur einmal gelesen werden können, muß eine (temporäre)
Datei als Hilfsspeicher verwendet werden.

```
      PROGRAM MWA
*     Berechnung von Mittelwert und Abweichungen
      REAL MITTEL
*     Als Hilfsspeicher wird eine temporäre,
*     sequentielle, unformatierte Datei eröffnet
      OPEN(15,STATUS='SCRATCH',FORM='UNFORMATTED')
      MITTEL=0
      N=0
*     Zunächst werden die Werte gelesen, gezählt,
*     aufsummiert und in die Datei 15 geschrieben
```

```
1  READ(*,*,END=2)  WERT
   N= N+1
   MITTEL= MITTEL+ WERT
   WRITE(15)  WERT
   GOTO 1
*     Der Mittelwert wird berechnet
2  MITTEL= MITTEL/ N
*     In die Datei 15 wird ein EOF-Satz geschrieben
   ENDFILE 15
*     Die Datei 15 wird auf ihren Anfang positioniert
   REWIND 15
*     Die Werte werden erneut gelesen, die Ausgabe erzeugt
3  READ(15,END=4)  WERT
   ABW= ABS(MITTEL- WERT)
   PRINT *, 'Wert=',WERT,'  Abweichung=',ABW
   GOTO 3
4  PRINT *, 'Mittelwert=',MITTEL
   END
```

## 6.6    CLOSE

Die Anweisung

        CLOSE(stliste)

löst die Zuordnung zwischen einer Datei und einer Dateinummer. Immer anzugeben ist der Steuerparameter

        [UNIT=] u              (siehe 6.2.2)

Zusätzlich können die Steuerparameter

        IOSTAT= ios            (siehe 6.2.3)
        ERR= s                 (siehe 6.2.3)
        STATUS= sta

angegeben werden.

Mit dem Parameter STATUS= sta kann der Programmierer über die weitere Existenz der Datei verfügen. sta ist ein Textausdruck, der, ab-

gesehen von zusätzlichen, nachfolgenden Leerzeichen, den Wert KEEP
oder DELETE besitzen muß.
Der Wert KEEP ist nur für Dateien zulässig, die nicht mit dem Para-
meter STATUS='SCRATCH' eröffnet worden sind; er bewirkt, daß die
Datei auch nach der CLOSE-Anweisung weiterhin existiert. Der Wert
DELETE dagegen beendet die Existenz der Datei. Falls der Parameter
STATUS=sta nicht angegeben ist, wird für SCRATCH-Dateien STATUS=
'DELETE', sonst STATUS='KEEP' verwendet.

Nachdem die Zuordnung gelöst wurde, können sowohl für die Datei,
sofern sie noch existiert, als auch für die Dateinummer neue Zuordnungen vorgenommen oder auch die alte Zuordnung wiederhergestellt
werden.

Beispiele:

(1)         OPEN(17,FILE='AB',STATUS='OLD')
                  .
                  .
                  .
            CLOSE(17)
            OPEN(17,STATUS='SCRATCH',ACCESS='DIRECT',RECL=5)

Bis zur CLOSE-Anweisung bezeichnet die Dateinummer 17 die bereits existierende, sequentielle, formatierte Datei AB. Durch
die CLOSE-Anweisung wird diese Zuordnung gelöst; die Datei AB
existiert auch weiterhin.
Nach der zweiten OPEN-Anweisung bezeichnet die Dateinummer 17
eine temporäre, direkte, unformatierte, unbenannte Datei, deren
Sätze jeweils 5 Worte lang sind.

(2)         OPEN(18,FILE='AB',STATUS='OLD')
                  .
                  .
                  .
            CLOSE(18,STATUS='DELETE')
            OPEN(18,FILE='AB',STATUS='NEW')

Hier bezeichnet die Dateinummer 18 jeweils eine sequentielle,
formatierte Datei mit dem Namen AB. Da die Existenz der ersten
Datei mit der CLOSE-Anweisung endet, wird durch die zweite
OPEN-Anweisung eine völlig andere Datei eröffnet. Insbesondere
ist der Inhalt der ersten Datei nach der CLOSE-Anweisung wegen
des Parameters STATUS='DELETE' verloren.

Am Ende eines Programms werden alle Zuordnungen, die durch das Programm vorgenommen und nicht bereits explizit wieder gelöst wurden, automatisch gelöst. Dieses erfolgt wie durch eine CLOSE-Anweisung ohne expliziten STATUS-Parameter, d.h. die Existenz temporärer Dateien wird beendet, andere Dateien existieren auch weiterhin.


6.7     INQUIRE


Die Möglichkeit, aus einem Programm heraus Informationen über Dateien zu beschaffen, bietet die Anweisung

            .   INQUIRE(stliste)

Anzugeben ist genau einer der beiden Steuerparameter

        [UNIT=]u              (siehe 6.2.2)
        FILE= fn              (siehe 6.3.1)

Je nachdem, welcher der beiden Parameter angegeben ist, spricht man von einer Abfrage nach Dateinummer (INQUIRE by unit) oder einer Abfrage nach Dateiname (INQUIRE by file).
Zusätzlich können die folgenden Parameter je nach Bedarf in beliebiger Kombination angegeben werden:

        IOSTAT= ios          (siehe 6.2.3)
        ERR= s               (siehe 6.2.3)
        EXIST= ex
        OPENED= od
        NUMBER= num
        NAMED= nmd
        NAME= nm
        ACCESS= acc
        SEQUENTIAL= seq
        DIRECT= dir
        FORM= fm
        FORMATTED= fmt
        UNFORMATTED= unf
        RECL= rcl
        NEXTREC= nr

BLANK=blnk

Abgesehen von u bzw. fn und s sind bei den Parametern auf der rechten Seite jeweils Variablen oder Feldelemente anzugeben, die während der Ausführung der Anweisung Werte erhalten.


6.7.1    Die Parameter EXIST, OPENED, NUMBER, NAMED und NAME

Bei dem Parameter EXIST=ex muß ex den Typ LOGICAL besitzen. ex erhält den Wert "wahr", wenn die Dateinummer u zulässig ist bzw. wenn
eine Datei mit dem Namen fn existiert, und sonst den Wert "falsch".

Bei dem Parameter OPENED=od muß od den Typ LOGICAL besitzen. od erhält den Wert "wahr", wenn die Dateinummer u einer Datei bzw. wenn
der Datei fn eine Dateinummer zugeordnet ist, und sonst den Wert
"falsch".

Bei dem Parameter NUMBER=num muß num den Typ INTEGER besitzen. Geliefert wird als Resultat die Dateinummer der Datei, falls od den
Wert "wahr" besitzt, und sonst ein undefinierter Wert.

Bei dem Parameter NAMED=nmd muß nmd den Typ LOGICAL besitzen. nmd
erhält den Wert "wahr", wenn entweder der Parameter FILE=fn angegeben oder die Datei mit der Nummer u benannt ist, und sonst den Wert
"falsch".

Bei dem Parameter NAME=nm muß nm den Typ CHARACTER besitzen. Geliefert wird linksbündig in nm der Name der Datei, falls nmd den Wert
"wahr" besitzt, und sonst ein undefinierter Wert.
Falls der Parameter FILE=fn angegeben ist, brauchen die Werte von
fn und nm nicht übereinzustimmen. Die Norm schreibt nur vor, daß
der Wert von nm ein Dateiname sein muß, der (anlagenabhängig) für
die Angabe in einer OPEN-Anweisung zulässig ist. Dateien können
u.U. mehrere, gleichwertige Namen haben; auch sind vielfach für Dateinamen Kurzformen zugelassen, die wie der Dateiname selbst verwendet werden können.

### 6.7.2    Die Parameter ACCESS, SEQUENTIAL und DIRECT

Bei den Parametern ACCESS=acc, SEQUENTIAL=seq und DIRECT=dir müssen
acc, seq und dir den Typ CHARACTER besitzen. Alle möglichen Werte
werden linksbündig gespeichert; eventuell vorhandene weitere Zeichenpositionen werden mit Leerzeichen gefüllt.

acc erhält den Wert SEQUENTIAL bzw. DIRECT zugewiesen, je nachdem,
ob die Datei als sequentielle oder direkte Datei eröffnet wurde.
Falls die Datei nicht eröffnet ist (OPENED=.FALSE.), erhält acc einen undefinierten Wert.

Mögliche Werte für seq und dir sind jeweils YES, NO und UNKNOWN.
YES bzw. NO wird eingesetzt, wenn die Art des Zugriffs, die das
Schlüsselwort des Parameters bezeichnet, für die Datei zulässig
bzw. unzulässig ist, und UNKNOWN, wenn sich die Zulässigkeit bzw.
Unzulässigkeit nicht feststellen läßt.

### 6.7.3    Die Parameter FORM, FORMATTED und UNFORMATTED

Bei den Parametern FORM=fm, FORMATTED=fmt und UNFORMATTED=unf müssen fm, fmt und unf den Typ CHARACTER besitzen. Alle möglichen Werte werden linksbündig gespeichert; eventuell vorhandene weitere
Zeichenpositionen werden mit Leerzeichen gefüllt.

fm erhält den Wert FORMATTED bzw. UNFORMATTED zugewiesen, je nachdem, ob die Datei formatiert oder unformatiert ist. Falls die Datei
nicht eröffnet ist (OPENED=.FALSE.), erhält fm einen undefinierten
Wert.

Mögliche Werte für fmt und unf sind YES, NO und UNKNOWN. UNKNOWN
wird eingesetzt, wenn sich nicht feststellen läßt, ob die Datei
formatiert oder unformatiert ist; sonst erhält eine der Variablen
fmt und unf den Wert YES, die andere den Wert NO.

### 6.7.4    Die Parameter RECL und NEXTREC

Bei den Parametern RECL=rcl und NEXTREC=nr müssen rcl und nr den
Typ INTEGER besitzen. rcl und nr erhalten immer dann undefinierte

Werte, wenn die Datei nicht als direkte Datei eröffnet ist.

Falls die Datei als direkte Datei eröffnet ist, wird in rcl die
Länge der Sätze der Datei gespeichert (siehe 6.3.3). In nr wird der
Wert n+1 gespeichert, wenn n die Nummer des zuletzt übertragenen
Satzes ist, bzw. der Wert 1, wenn seit der Eröffnung der Datei noch
kein Satz übertragen wurde. Der Wert von nr ist undefiniert, wenn
die Positionierung der Datei unbestimmt ist.


6.7.5    Der Parameter BLANK


Bei dem Parameter BLANK=blnk muß blnk den Typ CHARACTER besitzen.

Der Wert von blnk wird undefiniert, falls die Datei entweder überhaupt nicht oder nicht für formatierte Ein-/Ausgabe eröffnet ist.
Falls die Datei für formatierte Ein-/Ausgabe eröffnet ist, wird in
blnk linksbündig der Wert NULL oder ZERO gespeichert, je nachdem,
wie Leerzeichen innerhalb von numerischen Feldern bei der Eingabe
zu interpretieren sind (siehe 6.3.3).


6.7.6    Beispiel


Zu schreiben sei ein Unterprogramm SCHR(EIN,AUS), das die Sätze der
Datei, deren Name als erster Parameter übergeben wird, in die Datei
kopiert, deren Name als zweiter Parameter übergeben wird. Dabei
seien folgende Voraussetzungen erfüllt bzw. Anforderungen zu beachten:
(1) Jeder Satz der Eingabedatei (EIN) enthält genau einen (REAL-)
    Wert, der listengesteuert gelesen werden kann. Jeder Satz der
    Ausgabedatei (AUS) soll aus genau einem unformatierten Wert be-
    stehen.
(2) Falls die Eingabedatei nicht existiert, soll das Programm ins-
    gesamt abgebrochen werden.
(3) Falls die Ausgabedatei bereits existiert, soll der Inhalt der
    Eingabedatei hinter ihren bisher letzten Satz geschrieben wer-
    den; sonst soll die Ausgabedatei neu eingerichtet werden.
(4) Das Unterprogramm soll beiden Dateien bei Bedarf zunächst Da-

teinummern zuordnen. Zuordnungen, die das Unterprogramm her-
stellt, soll es selbst auch wieder lösen.

Die Lösung dieser Aufgabe kann so aussehen:

```
      SUBROUTINE SCHR(EIN,AUS)
      CHARACTER*(*) EIN,AUS
      LOGICAL OEIN,OAUS,EX
*     INQUIRE by file für die Eingabedatei
      INQUIRE(FILE=EIN,EXIST=EX,OPENED=OEIN,NUMBER=IEIN)
*     Falls die Eingabedatei nicht existiert, wird das Pro-
*     gramm insgesamt beendet. Sonst wird die Eingabedatei er-
*     öffnet bzw., wenn sie bereits eröffnet ist, auf ihren
*     Anfang zurückgesetzt
      IF (.NOT.EX) STOP 'Eingabedatei existiert nicht'
      IF (.NOT.OEIN) THEN
         IEIN=NUMMER()
         OPEN(IEIN,FILE=EIN,STATUS='OLD')
      ELSE
         REWIND IEIN
      ENDIF
*     INQUIRE by file für die Ausgabedatei
      INQUIRE(FILE=AUS,EXIST=EX,OPENED=OAUS,NUMBER=IAUS)
*     Falls die Ausgabedatei nicht existiert, wird sie neu
*     eingerichtet
      IF (.NOT.EX) THEN
         IF (.NOT.OAUS) IAUS=NUMMER()
         OPEN(IAUS,FILE=AUS,FORM='UNFORMATTED',STATUS='NEW')
      ELSE
*     Falls die Ausgabedatei bereits existiert, wird sie er-
*     öffnet bzw., wenn sie bereits eröffnet ist, auf ihren
*     Anfang zurückgesetzt. Danach wird sie durch sequentiel-
*     les Lesen ihrer Sätze und anschließendes BACKSPACE auf
*     den Anfang ihres EOF-Satzes positioniert
         IF (.NOT.OAUS) THEN
            IAUS=NUMMER()
            OPEN(IAUS,FILE=AUS,FORM='UNFORMATTED',
```

```
*             STATUS='OLD')
      ELSE
         REWIND IAUS
      ENDIF
 1    READ(IAUS,END=2) A
      GOTO 1
 2    BACKSPACE IAUS
   ENDIF
* Die Sätze der Eingabedatei werden in die Ausgabedatei
* umkopiert. Hinter den (neuen) letzten Satz der Ausgabe-
* datei wird ein EOF-Satz geschrieben
 3 READ(IEIN,*,END=4) A
   WRITE(IAUS) A
   GOTO 3
 4 ENDFILE IAUS
* Zuordnungen, die durch das Unterprogramm vorgenommen
* wurden, werden wieder gelöst
      IF (.NOT.OEIN) CLOSE(IEIN)
      IF (.NOT.OAUS) CLOSE(IAUS)
      END
* Die (INTEGER-)Funktion NUMMER bestimmt mit Hilfe eines
* INQUIRE by unit eine "freie" Dateinummer, d.h. eine Da-
* teinummer, die bislang noch keiner Datei zugeordnet ist
      FUNCTION NUMMER()
      LOGICAL OPEN
      DO 1, NUMMER=8,27
      INQUIRE(UNIT=NUMMER,OPENED=OPEN)
 1 IF (.NOT.OPEN) RETURN
* Wenn keine freie Dateinummer gefunden wird, wird das
* Programm insgesamt beendet
      STOP 'Keine freie Dateinummer vorhanden'
      END
```

7    Formatierung
     ------------

Eine Datenübertragung erfolgt genau dann formatiert, wenn in der
Ein-/Ausgabeanweisung der Steuerparameter [FMT=] f angegeben ist.


7.1      Formatgesteuerte Umwandlung

Auf die Umwandlungen zwischen internen und externen Darstellungen,
die bei formatierter Übertragung erforderlich werden, kann der Programmierer durch Formate direkt Einfluß nehmen. Ein Format hat die
Form

        ([fliste])

mit einer Liste fliste von Formatbeschreibern (edit descriptor).

In einem Steuerparameter [FMT=] f kann ein Format in verschiedener
Weise angegeben werden:

(1) f kann die Anweisungsnummer einer Formatanweisung

        f FORMAT([fliste])

    sein. Eine Formatanweisung muß immer mit einer Anweisungsnummer
    versehen sein.

(2) f kann eine INTEGER-Variable sein, der zuvor durch

        ASSIGN n TO f

    die Anweisungsnummer n einer Formatanweisung zugewiesen wurde.

(3) f kann ein Textausdruck sein, dessen Wert ein Format ist. Man
    beachte: Textkonstanten, Textvariablen, Elemente von Textfel-
    dern und Teilketten können als (besonders einfache) Textaus-
    drücke betrachtet werden; Konkatenationen sind nur zulässig,
    wenn kein Operand, abgesehen von benannten Konstanten, mit der
    Länge (*) vereinbart ist.

(4) f kann der Name eines Textfeldes sein, dessen Elemente, wenn
    man sie insgesamt als fortlaufende Zeichenfolge betrachtet, als
    Wert ein Format enthalten. Die Größe des Feldes muß in der je-
    weiligen Programmeinheit explizit vereinbart sein, d.h. in der
    Vereinbarung darf als obere Grenze für den Index der letzten

Dimension des Feldes kein Stern angegeben sein.

Wesentlich ist, daß der korrekte Aufbau eines Formats erst dann überprüft wird, wenn das Format zur Steuerung einer Umwandlung verwendet wird. Es ist also ohne weiteres möglich, während der Ausführung eines Programms ein Format zunächst zu "berechnen" und danach zur Steuerung einer formatierten Übertragung darauf zuzugreifen.

## 7.1.1    Formatbeschreiber

Man unterscheidet zwei Arten von Formatbeschreibern:
Die Daten-Formatbeschreiber geben an, wie die externen Darstellungen der zu übertragenden Werte aussehen bzw. aussehen sollen. Zwischen ihnen und den Elementen der Ein-/Ausgabeliste wird eine (lineare) Zuordnung hergestellt.
Die Steuer-Formatbeschreiber geben zusätzliche Informationen unterschiedlicher Art für die Umwandlung. Ihnen werden keine Elemente der Ein-/Ausgabeliste zugeordnet.

Die Daten-Formatbeschreiber sind
(1) Iw und Iw.m für INTEGER-Werte,
(2) Fw.d, Ew.d, Ew.dEe, Dw.d, Gw.d und Gw.dEe für Gleitkomma-Werte,
(3) Lw für logische Werte, sowie
(4) Aw und A für Texte.
Hierin sind w, d, e und m jeweils vorzeichenlose INTEGER-Konstanten, müssen w und e stets ungleich Null sein.
Bei allen Beschreibern gibt w an, aus wie vielen Zeichen die externe Darstellung insgesamt besteht. Die Zeichenfolge, aus der die externe Darstellung eines Wertes besteht (wobei Leerzeichen mitzuzählen sind), wird auch als Eingabefeld bzw. als Ausgabefeld bezeichnet.

Unbedingt muß der Programmierer jeden Daten-Formatbeschreiber so wählen, daß er zu dem Element der Ein-/Ausgabeliste "paßt", dem er zugeordnet wird. Ungeeignete Beschreiber führen i.a. zu unvorhersagbaren Resultaten. Geeignet ist z.B. der Beschreiber Iw nur dann, wenn das Element der Ein-/Ausgabeliste, dem er zugeordnet wird, den Typ INTEGER besitzt.

Eine Sonderregel ist in diesem Zusammenhang für komplexe Werte zu beachten: Dem Real- und Imaginärteil eines komplexen Elements in einer Ein-/Ausgabeliste wird jeweils ein eigener Beschreiber zugeordnet. Die beiden Beschreiber müssen jeweils für die Umwandlung von Gleitkomma-Werten geeignet sein; sie brauchen allerdings nicht identisch zu sein. Entsprechend werden für einen komplexen Wert zwei Eingabefelder bzw. zwei Ausgabefelder verwendet. Zwei Felder, die gemeinsam einen komplexen Wert darstellen, werden nicht besonders gekennzeichnet.

Die Steuer-Formatbeschreiber sind

(1) $'h_1 h_2 \ldots h_n'$ und $nHh_1 h_2 \ldots h_n$ zum Einfügen konstanter Zeichenfolgen,

(2) $Tc$, $TLc$, $TRc$ und $nX$ zur Positionierung innerhalb eines Satzes,

(3) / und : zur Steuerung der Übertragung,

(4) S, SP und SS zur Steuerung der Ausgabe von Vorzeichen,

(5) $kP$ zur Skalierung numerischer Größen, sowie

(6) BN und BZ zur Steuerung, wie Leerzeichen in numerischen Eingabefeldern zu interpretieren sind.

Hierin sind n und c vorzeichenlose INTEGER-Konstanten ungleich Null, k eine beliebige INTEGER-Konstante mit oder ohne Vorzeichen, sowie jedes h ein beliebiges Zeichen aus dem Zeichensatz des Rechners.

Je zwei Formatbeschreiber sind durch ein Komma voneinander zu trennen. Ausnahmen:

(1) Die Steuer-Formatbeschreiber / und : können anstelle eines Kommas stehen.

(2) Zwischen einem Steuer-Formatbeschreiber $kP$ und einem direkt nachfolgenden Daten-Formatbeschreiber $Fw.d$, $Ew.d$, $Ew.dEe$, $Dw.d$, $Gw.d$ oder $Gw.dEe$ braucht kein Komma zu stehen.

Leerzeichen in Formaten sind, wie auch sonst in FORTRAN außerhalb von Textkonstanten, bedeutungslos.


## 7.1.2  Positionierung

Am Beginn einer Übertragung ist die Datei immer auf das erste Zei-

chen des zu übertragenden Satzes positioniert. Ein zu übertragendes
Datenfeld beginnt immer mit dem Zeichen, auf das die Datei gerade
positioniert ist. Nach jeder Übertragung wird die Datei automatisch
auf das Zeichen positioniert, das dem übertragenen Datenfeld folgt.
Für die Praxis heißt das, daß aufeinanderfolgende Daten-Formatbeschreiber i.a. aufeinanderfolgende Datenfelder im Satz beschreiben.

Daneben gibt es aber auch die Möglichkeit, die Positionierung explizit zu verändern:

(1) Tc positioniert die Datei auf das c-te Zeichen des Satzes.

(2) TLc positioniert die Datei von ihrer momentanen Positionierung
    aus um c Zeichen nach links, jedoch nicht über den Anfang des
    Satzes hinaus.

(3) TRc bzw. nX positioniert die Datei von ihrer momentanen Posi-
    tionierung aus um c bzw. n Zeichen nach rechts.

Eine explizite Positionierung bewirkt, für sich genommen, keine Datenübertragung.

Damit besteht beim Schreiben die Möglichkeit, in eine bereits über-
tragene Zeichenfolge "zurückzusetzen", dort ein (oder auch mehrere)
Zeichen durch andere zu ersetzen, und anschließend wieder hinter
das letzte bereits geschriebene Zeichen zu positionieren. Umgekehrt
besteht beim Lesen die Möglichkeit, Teile eines Satzes mehrfach zu
lesen.

Beim Schreiben in eine Datei mit fester Satzlänge (direkte Datei,
interne Datei) und ebenso beim Lesen aus beliebigen Dateien darf
eine explizite Positionierung auch über ein Satzende hinausführen,
ohne daß die Operation mit einem Fehler endet. Falls jedoch versucht wird, Daten dorthin bzw. von dort zu übertragen, wird die
Operation mit einem Fehler abgebrochen.

Beim Schreiben in eine Datei mit variabler Satzlänge kann eine
explizite Positionierung natürlich nicht über das Ende eines Satzes
hinausführen, da die Länge des Satzes erst durch die Ausgabeoperation festgelegt wird. Die Länge eines Satzes ergibt sich jedoch
ausschließlich aus den vorgenommenen Datenübertragungen und wird
durch explizite Positionierungen nicht beeinflußt.

Beim Schreiben können explizite Positionierungen indirekt auch die
Übertragung von Daten, nämlich von Leerzeichen, bewirken: Bevor die
Übertragung in einen Satz abgeschlossen wird, wird in jede seiner
Zeichenpositionen, in die bislang noch kein Zeichen übertragen wor-
den ist, ein Leerzeichen übertragen. Hiervon können Zeichenpositio-
nen betroffen sein, die bei einer expliziten Positionierung "über-
sprungen" worden sind, sowie, bei Dateien mit fester Satzlänge,
Zeichenpositionen hinter dem letzten übertragenen Zeichen.


### 7.1.3    Eingabe numerischer Werte

Grundsätzlich gilt für die formatgesteuerte Eingabe numerischer
Werte:

(1) Zulässige INTEGER-, REAL- und DOUBLE PRECISION-Konstanten sowie
    Leerzeichen sind zulässige Inhalte von numerischen Eingabefel-
    dern.
    Wenn der Exponententeil einer halblogarithmisch geschriebenen
    Konstanten ein Vorzeichen aufweist, kann der Kennbuchstabe E
    bzw. D auch weggelassen werden. Als Inhalte von numerischen
    Eingabefeldern sind so zum Beispiel die Zeichenfolgen 5 E-7 und
    5-7 gleichwertig.

(2) In die Zeichenfolge dürfen Leerzeichen beliebig eingefügt wer-
    den. Es gilt:
    - Führende Leerzeichen sind bedeutungslos.
    - Bei halblogarithmisch geschriebenen Konstanten sind Leerzei-
      chen zwischen dem Kennbuchstaben E bzw. D und dem Vorzeichen
      des Exponententeiles bedeutungslos. So sind zum Beispiel als
      Inhalte von Eingabefeldern die Zeichenfolgen 5 Eb-7 und b5 E-7
      gleichwertig.
    - Sonstige Leerzeichen werden entsprechend dem BLANK-Parameter
      der OPEN-Anweisung ignoriert oder als Nullen interpretiert.
      Für die Dauer einer Eingabeanweisung kann der BLANK-Parameter
      durch einen Steuerparameter BN (entspricht BLANK='NULL') bzw.
      BZ (entspricht BLANK='ZERO') übersteuert werden.
    Ein Eingabefeld, das nur Leerzeichen enthält, repräsentiert

immer den Wert Null.

Zu den Beschreibern im einzelnen.

Die beiden Beschreiber für INTEGER-Werte, Iw und Iw.m, sind bei der
Eingabe gleichwertig. Das Eingabefeld, das mit ihnen gelesen wird,
muß eine INTEGER-Konstante repräsentieren, darf also insbesondere
keinen Dezimalpunkt und keinen Exponententeil enthalten.

Ebenfalls gleichwertig sind bei der Eingabe alle Beschreiber für
Gleitkomma-Werte, also Fw.d, Ew.d, Ew.dEe, Dw.d, Gw.d und Gw.dEe.

Die Zahl d gibt die Anzahl der Stellen hinter dem Dezimalpunkt an:
Bei halblogarithmisch geschriebenen Eingabewerten werden die letzten d Ziffern vor dem Beginn des Exponententeiles, sonst die letzten d Ziffern des Eingabefeldes als Stellen hinter dem Dezimalpunkt
interpretiert. Dabei werden Leerzeichen nur mitgezählt, wenn sie
als Nullen interpretiert werden.
Falls im Eingabefeld ein Dezimalpunkt angegeben ist, übersteuert
dieser die Angabe durch die Zahl d.

Die Zahl e bei den Beschreibern Ew.dEe und Gw.dEe wird bei der Eingabe ignoriert.

Beispiel: Wird der Eingabesatz

        1234567

gelesen durch

        READ '( I3,F4.2)', K,A

so wird nach K der Wert 123 und nach A der Wert 45.67 übertragen.
In gleichem Sinne sind die folgenden, nur in Kurzform angegebenen
Beispiele zu verstehen:

| Eingabesatz | Format | interne Werte |
|---|---|---|
| 1ƀ2ƀ3ƀ4 | ( BN,I4,I3) | 12 , 34 |
|  | ( BZ,I4,I3) | 1020 , 304 |
|  | ( BN,I4,BZ,I3) | 12 , 304 |

| Eingabesatz | Format | interne Werte |
|---|---|---|
| 1234567 | ( F4.1,F3.1) | 123.4 , 56.7 |
| | ( F3.1,F4.1) | 12.3 , 456.7 |
| | ( F2.1,I3,F2.1) | 1.2 , 345 , 6.7 |
| .123.45 | ( F4.1,F3.1) | .123 , .45 |
| | ( F3.1,F4.1) | .12 , 3.45 |
| 1 E23456 | ( F4.1,F3.1) | .1 E+23 , 45.6 |
| | ( F3.1,F4.1) | .1 E+2 , 345.6 |
| 1+23456 | ( F3.1,F4.1) | .1 E+2 , 345.6 |
| 1.E2345 | ( F4.1,F3.1) | 1.E+2 , 34.5 |
| 1ƀƀƀƀ2ƀ | (BZ,F4.1,F3.1) | 100. , 2. |
| | (BN,F4.1,F3.1) | .1 , .2 |
| | (BN,F7.2) | .12 |
| | (BZ,F7.2) | 10000.20 |

## 7.1.4  Ausgabe numerischer Werte

Grundsätzlich erfolgt die formatgesteuerte Ausgabe numerischer Werte nach folgenden Regeln:

(1) Der Wert wird rechtsbündig in ein Feld übertragen, das aus insgesamt w Zeichen besteht; bei Gleitkomma-Werten gibt die Zahl d an, wie viele dieser w Zeichen Stellen hinter dem Dezimalpunkt sein sollen. Führende, nicht signifikante Nullen werden durch Leerzeichen ersetzt.
Ausnahmen gibt es bei Iw.m, Gw.d und Gw.dEe.

(2) Bei Gleitkomma-Werten wird die letzte auszugebende Stelle gerundet.

(3) Bei halblogarithmisch darzustellenden Gleitkomma-Werten besteht der Exponententeil immer aus einer INTEGER-Konstanten mit Vorzeichen. Dem Vorzeichen des Exponenten kann ein Kennbuchstabe E oder D vorangestellt sein.

(4) Bei der halblogarithmischen Ausgabe von Gleitkomma-Werten ohne Skalenfaktor (siehe 7.1.10) wird der Exponent immer so gewählt, daß für eine Mantisse $m \neq 0$ gilt $0.1 \leq |m| < 1.0$.

Die Norm verlangt nicht, daß in der Mantisse links neben den Dezimalpunkt eine Null gesetzt wird, läßt es aber zu.

(5) Vorzeichen werden unmittelbar links neben die werthöchste Ziffer bzw. den Dezimalpunkt gesetzt.
Nur negative Werte erhalten immer ein Vorzeichen, während die Ausgabe von Vorzeichen für positive Werte durch Steuer-Formatbeschreiber gesteuert werden kann:
- Wenn bei der Abarbeitung eines Formats ein Beschreiber SP (SS) erkannt wird, erhalten alle positiven Werte, die anschließend übertragen werden, ein (kein) Vorzeichen.
- Wenn bei der Abarbeitung eines Formats ein Beschreiber S erkannt wird, können alle positiven Werte, die anschließend übertragen werden, anlagenabhängig ein Vorzeichen erhalten oder nicht erhalten. Außerdem wird mit jedem Beginn einer Ausgabeoperation automatisch der Beschreiber S wirksam.

(6) Jedes Ausgabefeld muß so groß gewählt werden, daß die gesamte auszugebende Zeichenfolge hineinpaßt, also zusätzlich zu der eigentlichen Ziffernfolge ggf. Vorzeichen, Dezimalpunkt und Exponententeil. Falls ein Ausgabefeld zu klein gewählt ist, wird es in voller Länge mit Sternen gefüllt.

Zu den Beschreibern im einzelnen.

Während bei dem Beschreiber Iw führende Nullen in den ersten $w-1$ Stellen durch Leerzeichen ersetzt werden, geschieht dieses bei dem Beschreiber Iw.m ($w \geq m$) nur in den ersten $w-m$ Stellen, so daß u.U. führende Nullen erhalten bleiben.
Wird der Wert Null ausgegeben, so erscheint bei Iw rechtsbündig im Ausgabefeld eine Null; bei Iw.m können mehrere Nullen erscheinen ($m>0$) oder auch das Ausgabefeld ganz leer sein ($m=0$).

Gleitkomma-Darstellungen ohne Exponententeil erzeugt der Beschreiber Fw.d.

Gleitkomma-Darstellungen mit Exponententeil erzeugen die Beschreiber Ew.d, Ew.dEe und Dw.d. Für die Darstellung eines Exponententeiles exp läßt die Norm verschiedene Möglichkeiten zu, teilweise abhängig vom Wert des Exponenten:

| Beschreiber | Wert von exp | Darstellung |
|---|---|---|
| Ew.d | $|exp| \leq 99$ | $E\pm zz$ <br> $\pm 0 zz$ |
|  | $99 < |exp| \leq 999$ | $\pm zzz$ |
| Ew.dEe | beliebig | $E\pm z_1 \ldots z_e$ |
| Dw.d | $|exp| \leq 99$ | $D\pm zz$ <br> $E\pm zz$ <br> $\pm 0 zz$ |
|  | $99 < |exp| \leq 999$ | $\pm zzz$ |

Hierin steht jedes z für eine Ziffer. Man beachte: Die Beschreiber
Ew.d und Dw.d sind für Werte mit vierstelligem Exponenten (sofern
solche überhaupt vorkommen können) nicht zulässig.

In den Fällen, in denen mehrere zulässige Darstellungen angegeben
sind, kann die Darstellung von Anlage zu Anlage verschieden sein.
Der Programmierer kann zwischen den verschiedenen Darstellungen
nicht wählen.

Die Beschreiber Gw.d und Gw.dEe erzeugen, abhängig vom Ausgabewert
R, Gleitkomma-Darstellungen mit oder ohne Exponententeil. Falls
$|R|<0.1$ oder $|R|\geq 10**d$ gilt, erzeugt Gw.d (Gw.dEe) dieselbe externe
Darstellung wie Ew.d (Ew.dEe), also eine halblogarithmische Darstellung mit Exponententeil. Sonst wird eine Darstellung ohne Exponententeil mit genau d signifikanten Stellen erzeugt, in die der
Dezimalpunkt an der richtigen Stelle eingefügt ist. Bei Darstellungen ohne Exponententeil erfolgt die Ausgabe nicht rechtsbündig;
vielmehr werden im Fall Gw.d die letzten 4 und im Fall Gw.dEe die
letzten e+2 Stellen des Ausgabefeldes mit Leerzeichen gefüllt.

Beispiele:

| Beschreiber | interner Wert | externe Darstellung |
|---|---|---|
| I3 | +5 | ƀƀ5 oder ƀ+5 |
|  | -5 | ƀ-5 |
|  | 137 | 137 oder *** |

| Beschreiber | interner Wert | externe Darstellung | | |
|---|---|---|---|---|
| I3 | -137 | *** | | |
| SS,I3 | +5 | ƀƀ5 | | |
| SP,I3 | +5 | ƀ+5 | | |
| SS,I3.3 | 0 | 000 | | |
| SS,I3.0 | 0 | ƀƀƀ | | |
| SP,I3.0 | 0 | ƀƀ+ | | |
| F7.2 | -12.318 | ƀ-12.32 | | |
| E10.2 | -12.318 | ƀƀ-.12E+02 | oder | ƀƀ-.12+002 |
| D10.2 | -12.318 | ƀƀ-.12D+02 | oder | ƀƀ-.12+002 |
| E10.2E1 | -12.318 | ƀƀƀ-.12E+2 | | |
| G10.4 | +17.3 | ƀ17.30ƀƀƀƀ | | |
|  | +.0173 | ƀ.1730E-01 | | |
|  | -17300. | -.1730E+05 | | |
| G10.4E1 | +17.3 | ƀƀ17.30ƀƀƀ | | |
|  | +.0173 | ƀƀ.1730E-1 | | |
|  | -17300. | ƀ-.1730E+5 | | |
|  | +173000000000. | ********** | | |

## 7.1.5 Ein-/Ausgabe logischer Werte

Zur Ein-/Ausgabe logischer Werte dient der Beschreiber Lw.

Das Eingabefeld muß entweder den Buchstaben T, der den Wert "wahr" ergibt, oder den Buchstaben F, der den Wert "falsch" ergibt, enthalten. Unmittelbar vor dem Buchstaben darf ein Punkt, davor eine beliebig lange Folge von Leerzeichen stehen. Hinter dem Buchstaben T bzw. F dürfen beliebige Zeichen folgen. Zulässig ist also insbesondere, daß ein Eingabefeld nur einen Buchstaben T bzw. F oder eine FORTRAN-Konstante .TRUE. bzw. .FALSE. enthält.

Bei der Ausgabe werden rechtsbündig in das Ausgabefeld der Buchstabe T bzw. F und davor Leerzeichen geschrieben.

Beispiel: Mit dem Eingabesatz

.TRUE.FALSCHƀƀƀƀ.Fƀ.TAGE

schreibt die Anweisungsfolge

```
LOGICAL L(4)
READ '(L6,L6,L6,L6)', L
WRITE(19,'(L4,L3,L2,L1)') L
```

in die Datei mit der Nummer 19 den Satz

```
ƀƀƀTƀƀFƀFT
```


### 7.1.6   Ein-/Ausgabe von Texten

Zur Ein-/Ausgabe von Texten dienen die Daten-Formatbeschreiber Aw und A.

Bei der Ein-/Ausgabe mit Aw hängt die Übertragung sowohl von der Größe w des Ein-/Ausgabefeldes als auch von der Länge l des Elements der Ein-/Ausgabeliste ab:

(1) Eingabe:

w<l   Die w Zeichen des Eingabefeldes werden linksbündig in das Eingabeelement übertragen. In die restlichen l-w Zeichenpositionen des Eingabeelements werden Leerzeichen übertragen.

w=l   Die w Zeichen des Eingabefeldes ergeben den Wert des Eingabeelements.

w>l   Die ersten (linken) w-l Zeichen des Eingabefeldes werden nicht übertragen; die restlichen l Zeichen ergeben den Wert des Eingabeelments.

(2) Ausgabe:

w<l   Die ersten (linken) w Zeichen des Ausgabeelements ergeben den Inhalt des Ausgabefeldes; die restlichen l-w Zeichen des Ausgabeelements werden nicht übertragen.

w=l   Die l Zeichen des Ausgabeelements ergeben den Inhalt des Ausgabefeldes.

w>l   In das Ausgabefeld werden w-l Leerzeichen und daran anschließend die l Zeichen des Ausgabeelements übertragen.

Wesentlich bequemer ist in vielen Fällen die Verwendung des Be-

schreibers A. Hier bestimmt der Rechner zunächst die Länge l des
Ein-/Ausgabeelements und verwendet sie anschließend als Länge des
Ein-/Ausgabefeldes. Für ein Ein-/Ausgabeelement mit der Länge l hat
der Beschreiber A also die gleiche Wirkung wie der Beschreiber Al.

Beispiel: Das Pascalsche Dreieck soll in Pyramidenform gedruckt
werden. Das Programm

```
        PROGRAM PASCAL
        CHARACTER LEER*28
        INTEGER ZEILE(0:9)
        LEER=' '
        DO 2, I=0,9,1
        ZEILE(I)=1
        DO 1, J=I-1,1,-1
    1   ZEILE(J)=ZEILE(J)+ZEILE(J-1)
    2   PRINT '(A,10I6)', LEER(1:(9-I)*3+1),
    *                    (ZEILE(J),J=0,I,1)
        END
```

erzeugt die verlangte Ausgabe in der Form

```
                              1
                          1       1
                      1       2       1
                  1       3       3       1
              1       4       6       4       1
          1       5      10      10       5       1
      1       6      15      20      15       6       1
  1       7      21      35      35      21       7       1
1     8      28      56      70      56      28       8      1
1   9     36     84     126     126     84     36      9     1
```

Nur bei der Ausgabe, nicht bei der Eingabe, besteht außerdem die
Möglichkeit, Texte als Steuer-Formatbeschreiber im Format anzugeben, und zwar wahlweise in der Form einer Textkonstanten

$$'h_1\,h_2\ldots h_n'$$

oder in der Form

$$nHh_1\,h_2\ldots h_n$$

worin jedes h ein Zeichen aus dem Zeichenvorrat des Rechners bezeichnet. Der Wert einer solchen Textkonstanten wird wie ein Ausgabewert in ein Feld des Ausgabesatzes übertragen.

Man beachte: Für einen Apostroph als Teil der Zeichenfolge gelten bei Verwendung der ersten Form die gleichen Regeln wie sonst auch für Textkonstanten; bei Verwendung der zweiten Form kann ein Apostroph wie ein beliebiges anderes Zeichen angegeben werden. Falls allerdings ein Format selbst als Textkonstante angegeben wird, sind alle Apostrophe im Format zu verdoppeln; z.B. kann das Format (6H F'(X)) als Textkonstante dargestellt werden durch '(6H F''(X))' oder durch '('' F''''(X)'')'. Da die zusätzlichen Apostrophe ausschließlich zur Kennzeichnung dienen, verändern sie die Länge n eines Beschreibers nH natürlich nicht.

Beispiel: Komplexe Werte erscheinen bei formatgesteuerter Ausgabe gemeinhin als zwei, voneinander unabhängige Gleitkomma-Werte. Soll ein komplexer Wert als FORTRAN-Konstante geschrieben werden, also eingeschlossen in Klammern und mit einem Komma zwischen Real- und Imaginärteil, so kann man etwa programmieren

```
COMPLEX C
C=(1.5 E-4,-2.1 E+3)
WRITE(17, '(2H (,E10.3 E2,1 H,,E10.3 E2,1 H))' ) C
```

Der Satz, der hier in die Datei mit der Nummer 17 übertragen wird, besteht aus der Zeichenfolge

$$b(bb.150\,E\text{-}03,b\text{-}.210\,E\text{+}04)$$

(anlagenabhängig sind geringfügige Abweichungen möglich).


## 7.1.7  Drucken

Eine Besonderheit ist bei der Ausgabe auf einen Zeilendrucker zu beachten: Das erste Zeichen jedes Ausgabesatzes steuert die Vorschübe des Druckers und erscheint selbst nicht in der Liste; die weiteren Zeichen eines Satzes, sofern vorhanden, bilden eine Zeile.

Zur Verfügung stehen vier Vorschubsteuerzeichen:

    b        einfacher Zeilenvorschub
    0        doppelter Zeilenvorschub
    +        kein Vorschub ("überdrucken")
    1        Vorschub in die erste Zeile einer neuen Seite

Die Norm läßt offen, was passiert, wenn ein Satz auf einen Zeilendrucker ausgegeben wird, der in seiner ersten Zeichenposition kei-
nes dieser vier Zeichen enthält.

Grundsätzlich erfolgt immer zuerst der Vorschub, danach die Ausgabe
der restlichen Zeichen des Satzes in die momentane Zeile. Besteht
ein Satz nur aus einem Vorschubsteuerzeichen, so wird der Vorschub
normal ausgeführt, danach eine Leerzeile ausgegeben; enthält ein
Ausgabesatz überhaupt kein Zeichen, so wird eine Leerzeile mit ein-
fachem Zeilenvorschub ausgegeben.

Prinzipiell bleibt es dem Programmierer selbst überlassen, wie er
in einen zu druckenden Satz als erstes Zeichen ein Vorschubsteuerzeichen hineinschreibt. Es empfiehlt sich jedoch, im Normalfall das
Vorschubsteuerzeichen in Form einer Textkonstanten als Steuer-Formatbeschreiber anzugeben. So bewirkt zum Beispiel die Anweisung

            PRINT '(1 H1 ,I1)', 1

daß in die erste Zeichenposition der ersten Zeile einer neuen Seite
eine Eins gedruckt wird. Die gleiche Wirkung hat zwar auch die Anweisung

            PRINT '( I2)', 11

jedoch ist vor derartiger "Trickprogrammierung" nachdrücklich zu
warnen.

Bei verschiedenen Rechenanlagen kann die Vorschubsteuerung sehr unterschiedlich realisiert sein. Bei manchen Anlagen erfolgt eine
Vorschubsteuerung bei Zeilendruckern durch das erste Zeichen jedes
Ausgabesatzes nur dann, wenn die jeweilige Datei speziell als
Druckdatei erklärt ist, z.B. durch einen zusätzlichen, anlagenspezifischen Steuerparameter der OPEN-Anweisung. Bei anderen Anlagen
erfolgt eine Vorschubsteuerung durch das erste Zeichen jedes Ausga-

besatzes bei jeder Übertragung einer formatierten Datei auf einen
Zeilendrucker, kann also jede formatierte Datei als Druckdatei an-
gesehen werden.

Erhebliche Unterschiede bestehen auch, wenn eine Druckdatei statt
auf einen Zeilendrucker auf ein Bildschirmgerät ausgegeben oder
durch ein FORTRAN-Programm wieder gelesen wird.
Bei der Ausgabe auf ein Bildschirmgerät werden die Vorschubsteuerzeichen bei manchen Anlagen als solche interpretiert, bei anderen
Anlagen wie die restlichen Zeichen ausgegeben und bei wieder anderen Anlagen völlig ignoriert. Falls die Vorschubsteuerzeichen als
solche interpretiert werden, können andere Vorschübe als bei einem
Zeilendrucker resultieren; z.B. lassen Bildschirmgeräte i.a. ein
"Überdrucken" nicht zu.
Beim Lesen einer Druckdatei durch ein Programm kann ein Vorschubsteuerzeichen entweder als erstes Datenzeichen des jeweiligen Satzes behandelt oder auch ignoriert werden. Wurde z.B. in eine Druckdatei mit der Nummer 17 die Zeichenfolge 12Ь als ein Satz geschrieben, so kann mit diesem Satz als Eingabe durch die Anweisung

```
        READ(17,'(BN,I2)') J
```

bei einer Anlage der Wert 2, bei einer anderen der Wert 12 nach J
übertragen werden.

Den jeweiligen Benutzerhandbüchern muß entnommen werden, wie eine
spezielle Rechenanlage Druckdateien behandelt.


## 7.1.8 Wiederholungsfaktoren

Falls in einem Format identische Daten-Formatbeschreiber unmittelbar aufeinanderfolgen oder sich Folgen von (beliebigen) Formatbeschreibern wiederholen, brauchen diese nicht einzeln explizit angegeben zu werden, sondern können durch Wiederholungsfaktoren erzeugt
werden. Wiederholungsfaktoren sind vorzeichenlose INTEGER-Konstanten ungleich Null.

Daten-Formatbeschreibern können Wiederholungsfaktoren unmittelbar
vorangestellt werden. So hat 3I4 die gleiche Bedeutung wie die Fol-

ge I4,I4,I4.

Eine Gruppe von beliebigen Formatbeschreibern kann wiederholt werden, indem sie in Klammern gesetzt und vor die linke Klammer ein Wiederholungsfaktor geschrieben wird. So hat 2(5X,F9.2,'**',I2) dieselbe Bedeutung wie die Folge 5X,F9.2,'**',I2,5X,F9.2,'**',I2.

Klammern dürfen geschachtelt werden. Auch wenn die Norm keine maximale Tiefe für die Schachtelung festlegt, existieren in der Praxis teilweise Beschränkungen. So läßt CDC-FORTRAN maximal die Schachtelungstiefe 9 und FORTRAN (ASCII) von SPERRY maximal die Schachtelungstiefe 5 zu; dabei sind die Klammern mitzuzählen, die das Format insgesamt einschließen.

Klammern dürfen aber auch gesetzt werden, ohne daß ihnen ein Wiederholungsfaktor vorangestellt wird. Ein fehlender Wiederholungsfaktor hat, wie bei den Daten-Formatbeschreibern, die gleiche Wirkung wie der Wiederholungsfaktor 1. Die Bedeutung von Klammern ohne expliziten Wiederholungfaktor wird im folgenden Abschnitt beschrieben.

7.1.9  Zusammenhang zwischen Ein-/Ausgabeliste und Format

Die Abarbeitung einer formatgesteuerten Datenübertragung wird teils durch die Ein-/Ausgabeliste und teils durch das Format bestimmt.

Falls eine Ein-/Ausgabeliste mindestens ein Element enthält, muß das zugeordnete Format mindestens einen Daten-Formatbeschreiber enthalten. Insbesondere darf ein leeres Format, d.h. ein Format, das nur aus einem Klammerpaar ohne eingeschlossene Formatbeschreiber besteht, nur einer leeren Ein-/Ausgabeliste zugeordnet werden. Es bewirkt die Übertragung eines leeren Satzes; bei der Eingabe bedeutet das, daß ein Eingabesatz übersprungen wird, und beim Drucken, daß eine Leerzeile ausgegeben wird.

Grundsätzlich wird eine Datei am Beginn einer formatierten Übertragung auf den Anfang eines (neuen) Satzes positioniert. Bei formatgesteuerter Übertragung beginnt anschließend die Interpretation des Formats.

Die Interpretation eines Formats und gleichzeitig damit die Übertragungsoperation wird beendet, sobald festgestellt wird, daß die
Ein-/Ausgabeliste vollständig abgearbeitet ist. Überprüft wird die
Ein-/Ausgabeliste in drei Fällen, nämlich
(1) wenn bei der Interpretation des Formats ein Daten-Formatbe-
    schreiber erkannt wird,
(2) wenn die abschließende Klammer des Formats erreicht wird, und
(3) wenn im Format ein Doppelpunkt gefunden wird.
Die anderen Steuer-Formatbeschreiber werden dagegen stets abgearbeitet, ohne daß zunächst geprüft wird, ob die Ein-/Ausgabeliste
bereits abgearbeitet ist.
Ist etwa das Format

        17 FORMAT(' I=',I3,' J=',I3)

vorgegeben, so erzeugt die Anweisung

        PRINT 17, 5,9

in der Standard-Ausgabedatei den Satz

    ƀI=ƀƀ5ƀJ=ƀƀ9

und die Anweisung

        PRINT 17, 5

ebenfalls in der Standard-Ausgabedatei den Satz

    ƀI=ƀƀ5ƀJ=

Ist dagegen das Format

        17 FORMAT(' I=',I3:' J=',I3)

vorgegeben, so erzeugt die Anweisung

        PRINT 17, 5,9

denselben Satz wie oben, die Anweisung

        PRINT 17, 5

dagegen den Satz

    ƀI=ƀƀ5

Während bei jedem Zugriff auf eine direkte Datei und bei jedem Zu-

griff auf eine unformatierte sequentielle Datei mit jeder Übertragungsoperation genau ein Satz übertragen wird, können mit einem Zugriff auf eine formatierte, sequentielle Datei auch mehrere Sätze
übertragen werden.

Wenn im Format ein Schrägstrich (slash) gefunden wird, wird ein
Satz abgeschlossen und ein neuer begonnen. So erzeugt die Anweisung

```
        PRINT '(3H1 I=,I3/3H0 J=,I3)', 5,9
```

in der Standard-Ausgabedatei die beiden Sätze

```
    1 I=ƀƀ5

    0 J=ƀƀ9
```

Falls diese Datei gedruckt wird, ergeben die beiden Sätze am Kopf
einer neuen Seite die drei Zeilen

```
    I=ƀƀ5
    ƀ
    J=ƀƀ9
```

Ebenfalls wird ein Satz beendet, wenn die abschließende Klammer des
Formats erreicht wird. Sofern die Ein-/Ausgabeliste dann noch nicht
abgearbeitet ist, wird ein neuer Satz begonnen und das Format entweder teilweise oder auch in voller Länge neu interpretiert.
Ganz von vorne wird es interpretiert, wenn es keine in Klammern ge-
setzte Folge von Beschreibern enthält. Sonst beginnt die Interpretation mit dem Wiederholungsfaktor des Klammerpaares, das durch die
vorletzte Klammer im Format abgeschlossen wird. Dabei ist das Klammerpaar mitzuzählen, das das Format insgesamt einschließt.

Beispiel: Zu drucken ist eine Funktionstabelle für sin(x) für
$x \in [0,1]$ mit der Schrittweite 0.1. Das Programm

```
        PROGRAM SINTAB
      1 FORMAT('1Tabelle für sin(x)'/
     *          '0   x      sin(x)'//
     *          (F5.1,F10.6))
        PRINT 1, (X,SIN(X),X=0.,1.,.1)
        END
```

liefert diese Tabelle in der Form

         Tabelle für sin(x)
         ∅
          x      sin(x)
         ∅
         .0     .000000
         .1     .099833
         .2     .198669
         .3     .295520
         .4     .389418
         .5     .479426
         .6     .564642
         .7     .644218
         .8     .717356
         .9     .783327
        1.0     .841471

beginnend in der ersten Zeile einer neuen Seite. Das zusätzliche Klammerpaar um die Beschreiberfolge F5.1,F10.6 bewirkt gerade, daß die Zahlenpaare x,sin(x) jeweils in eine eigene Zeile geschrieben werden.

Man beachte:

(1) Das erste Zeichen jedes Satzes wird beim Drucken auch dann zur Vorschubsteuerung verwendet, wenn mehrere Sätze mit einer Anweisung gedruckt werden.

(2) Ein Schrägstrich, der als erster oder letzter Beschreiber in einem Format interpretiert wird, bewirkt immer, daß ein leerer Satz übertragen wird.

(3) Die in diesem Abschnitt genannten Regeln gelten sowohl für die Ausgabe als auch für die Eingabe, auch wenn die Beispiele nur die Ausgabe behandeln.


## 7.1.10  Skalenfaktoren

Durch Skalenfaktoren können die meisten Umwandlungen von Gleitkomma-Werten beeinflußt werden.

Bei Beginn einer formatgesteuerten Übertragung ist ein Skalenfaktor 0P wirksam; dieser kann durch die explizite Angabe eines Skalenfaktors kP überschrieben werden. Ein explizit gesetzter Skalenfaktor bleibt wirksam, bis er durch einen weiteren, explizit angegebenen Skalenfaktor überschrieben wird, höchstens jedoch bis zum Ende der jeweiligen Übertragungsoperation.

Bei der Eingabe bewirkt ein Skalenfaktor kP, daß jeder ohne Exponententeil dargestellte Gleitkomma-Wert mit 10**(-k) multipliziert wird; halblogarithmisch dargestellte Eingabewerte bleiben unverandert.

Beispiele:

| Externe Darstellung | Format | Interner Wert |
|---|---|---|
| 4.32ƀƀ | 0PE6.2 | 4.32 |
| 4.32ƀƀ | 1PE6.2 | .432 |
| 4.32ƀƀ | -2PE6.2 | 432. |
| 4.32E0 | -2PE6.2 | 4.32 |

Umgekehrt bewirkt ein Skalenfaktor kP bei der Ausgabe mit Fw.d, daß der Ausgabewert mit 10**k multipliziert wird.

Beispiele:

| Interner Wert | Format | Externe Darstellung |
|---|---|---|
| 4.32 | 0PF7.4 | ƀ4.3200 |
| 4.32 | 1PF7.4 | 43.2000 |
| 4.32 | -1PF7.4 | ƀƀ.4320 |

Bei der Ausgabe mit den Beschreibern Gw.d und Gw.dEe bleiben Skalenfaktoren wirkungslos, sofern Darstellungen ohne Exponententeil erzeugt werden.

Bei der Ausgabe von halblogarithmisch darzustellenden Gleitkomma-Werten bewirkt ein Skalenfaktor kP bei allen dafür vorgesehenen Beschreibern, daß die Mantisse mit 10**k multipliziert, der Exponent um k verringert wird.

Beispiele:

| Interner Wert | Format | Externe Darstellung |
|---|---|---|
| 4.32 | E11.4 | ᵬᵬ.4320E+01 |
| 4.32 | 1PE11.4 | ᵬ4.3200E+00 |
| 4.32 | -1PE11.4 | ᵬᵬ.0432E+02 |

Man beachte: Bei Gleitkomma-Werten, die extern ohne Exponententeil dargestellt werden, kann ein Skalenfaktor bewirken, daß interne und externe Darstellung verschiedene Werte repräsentieren. Bei der Ausgabe halblogarithmisch zu schreibender Gleitkomma-Werte ändert ein Skalenfaktor dagegen nur die Stellung des Dezimalpunktes innerhalb der Mantisse, nicht jedoch den Wert der Zahl.


## 7.2    Listengesteuerte Umwandlung


**Listengesteuerte Umwandlung** wird im Steuerparameter [FMT=]f durch einen Stern beschrieben. Man beachte: Bei manchen Rechnern bewirkt auch die Angabe eines leeren Formats listengesteuerte Umwandlung. Dieses steht jedoch im Widerspruch zu den Vorschriften der Norm (siehe 7.1.9).

Listengesteuerte Umwandlung ist nur für externe, sequentielle Dateien zulässig; Sätze, die listengesteuert geschrieben wurden, können mit BACKSPACE nicht übersprungen werden.


### 7.2.1    Listengesteuerte Eingabe


Die Werte in einem Eingabesatz müssen im wesentlichen wie für eine formatgesteuerte Eingabe dargestellt sein; nur muß zwischen je zwei Werten ein **Trennzeichen** stehen. Trennzeichen sind
(1) das Komma, dem ein Leerzeichen voranstehen oder folgen kann,
(2) der Schrägstrich (slash), dem ein Leerzeichen voranstehen oder folgen kann, sowie
(3) das Leerzeichen selbst, wenn es zwischen zwei Werten steht, die nicht zusätzlich durch ein anderes Trennzeichen getrennt werden.
Das Ende eines Eingabesatzes wird, außer wenn es in einer Textkon-

stanten steht, wie ein Leerzeichen behandelt; ebenso werden beliebig lange Folgen von Leerzeichen, die nicht Bestandteile von Textkonstanten sind, wie ein Leerzeichen behandelt.
Man beachte: Leerzeichen, die bei formatgesteuerter Eingabe wahlweise ignoriert oder als Nullen interpretiert werden, beenden bei
listengesteuerter Eingabe immer ein Eingabefeld.

Anhand der Trennzeichen bestimmt der Rechner Eingabefelder und ord-
net diese den Elementen der Eingabeliste zu. Der Programmierer hat
darauf zu achten, daß jeder Eingabewert eine Darstellung besitzt,
die für den Typ des Eingabeelements, dem er zugeordnet wird, zulässig ist.

Jede listengesteuerte Eingabeanweisung liest mindestens einen Satz.
Weitere Sätze werden bei Bedarf gelesen, bis jedem Eingabeelement
ein Eingabefeld zugeordnet ist.

Weitere Unterschiede zur formatgesteuerten Eingabe bestehen in den
folgenden Punkten:

(1) Für Gleitkomma-Werte entspricht die listengesteuerte Eingabe
    der formatgesteuerten Eingabe mit dem Beschreiber Fw.0. Bei
    Gleitkomma-Werten darf der Dezimalpunkt also nur weggelassen
    werden, wenn er bei einer Darstellung ohne Exponententeil das
    letzte Zeichen der Zeichenfolge, bzw. wenn er bei einer halb-
    logarithmischen Darstellung das letzte Zeichen der Mantisse
    ist.

(2) Komplexe Werte müssen in Klammern gesetzt, ihr Real- und Imagi-
    närteil durch ein Komma voneinander getrennt werden. Sowohl den
    Klammern als auch dem Komma dürfen Leerzeichen vorangestellt
    werden und folgen.

(3) Bei logischen Werten darf die Zeichenfolge, die dem Buchstaben
    T bzw. F folgen kann, kein Trennzeichen enthalten, also kein
    Komma, kein Leerzeichen und keinen Schrägstrich.

(4) Texte müssen jeweils durch einen kennzeichnenden Apostroph ein-
    geleitet und abgeschlossen werden. Falls die Textkonstante im
    Eingabesatz und das Eingabeelement unterschiedliche Längen be-
    sitzen, erfolgt die Übertragung wie bei einer Wertzuweisung

(siehe 5.2.2).

Ein Apostroph innerhalb der Zeichenfolge ist durch zwei aufeinanderfolgende Apostrophe darzustellen. Zwischen den beiden Apostrophen darf weder ein Leerzeichen noch ein Satzende stehen.
An beliebiger anderer Stelle innerhalb eines Textes hat das Ende eines Eingabesatzes keine Wirkung.


7.2.2   Leere_Eingabefelder

Bei formatgesteuerter Eingabe wird in jedes Element der Eingabeliste ein neuer Wert geschrieben; insbesondere bewirken auch leere
Eingabefelder die Übertragung von Werten.
Anders ist das bei der listengesteuerten Eingabe. Hier bewirkt ein
leeres Eingabefeld (null value), daß der Wert des entsprechenden
Eingabeelements unverändert erhalten bleibt. Leere Eingabefelder
können auf verschiedene Arten erzeugt werden, nämlich
(1) durch Kommas, die entweder unmittelbar aufeinanderfolgen oder
    nur durch Leerzeichen voneinander getrennt sind,
(2) durch ein Komma vor dem ersten Wert im ersten Satz, sowie
(3) durch einen Schrägstrich (slash).

Der Schrägstrich bewirkt, daß das Lesen beendet wird; Eingabeele-
mente, die während der Übertragung bislang noch keinen Wert erhalten haben, bleiben so unverändert. Der Schrägstrich hat damit die
gleiche Wirkung, als wenn für jedes verbleibende Element der Eingabeliste ein leeres Eingabefeld angegeben wäre.

Beispiel: Ein Programm enthalte die Anweisungen

```
REAL A(100)
    :
READ *, A
```

Die Eingabesätze

```
b,b17,17bb1-15bb,,16E2,,,,,,,
1.1/
```

bewirken, daß nach A(2) und A(3) jeweils der Wert 17., nach A(4)
der Wert 1E-15, nach A(6) der Wert 1600. und nach A(12) der Wert

1.1 übertragen wird. Die Werte der übrigen Elemente von A werden durch die READ-Anweisung nicht verändert.


### 7.2.3 Wiederholungsfaktoren

Eingabewerte für listengesteuerte Umwandlung können mit Wiederholungsfaktoren versehen werden, und zwar in der Form

$$r*c \qquad bzw. \qquad r*$$

Hierin ist r eine vorzeichenlose INTEGER-Konstante ungleich Null und c ein Eingabewert.
Die Form r*c hat die gleiche Wirkung wie r (aufeinanderfolgende) Werte c; die Form r* hat die gleiche Wirkung wie r (aufeinanderfolgende) leere Eingabefelder.

Leerzeichen zwischen dem Wiederholungsfaktor und dem Stern sind ebenso unzulässig wie Leerzeichen zwischen dem Stern und dem Wert c. Beispiel: 2*ƀ2 erzeugt nicht zwei aufeinanderfolgende Werte 2, sondern zwei leere Eingabefelder und den nachfolgenden Wert 2.


### 7.2.4 Listengesteuerte Ausgabe

Bei der listengesteuerten Ausgabe muß der Rechner je nach Typ des Ausgabewertes zwischen den Formatbeschreibern Iw, 1PEw.dEe, OPFw.d, Lw und A mit anlagenspezifischen Werten w, d und e auswählen.

Die Norm schreibt für die listengesteuerte Ausgabe vor:

(1) Numerische und logische Werte werden jeweils durch ein Komma und/oder (mindestens) ein Leerzeichen voneinander getrennt. Vor, zwischen und hinter Texte wird kein Trennzeichen gesetzt.

(2) Komplexe Werte werden in Klammern eingeschlossen; zwischen ihren Real- und Imaginärteil wird ein Komma gesetzt.

(3) Texte werden ohne begrenzende Apostrophe geschrieben. Ebenso werden in einem Text enthaltene Apostrophe bei der Ausgabe nicht verdoppelt.

(4) Aufeinanderfolgende, identische Ausgabewerte c dürfen, müssen

jedoch nicht, in der Form r*c mit einem Wiederholungsfaktor r
geschrieben werden.

(5) Anlagenabhängig ist festzulegen, wann ein Satz abgeschlossen
und der nächste begonnen wird. Dabei dürfen zwar Texte, nicht
aber numerische Ausgabefelder durch ein Satzende unterbrochen
werden. (Real- und Imaginärteil eines komplexen Wertes belegen
jeweils ein eigenes Ausgabefeld!)

(6) Leere Ausgabefelder werden nicht erzeugt.

(7) Das erste Zeichen in jedem Satz ist ein Leerzeichen, das im
Fall des Druckens einen einfachen Zeilenvorschub bewirkt. Bei
Texten, die über ein Satzende hinaus fortgesetzt werden, wird
dieses Leerzeichen in die Zeichenfolge des Textes eingefügt.

Man beachte: Eine Datei, die listengesteuert geschrieben wurde,
kann dann und nur dann listengesteuert wieder gelesen werden, wenn
nur numerische und logische Werte, nicht jedoch Texte geschrieben
wurden.


## 7.3    Interne Dateien


Als interne Dateien können verwendet werden
(1) Textvariablen,
(2) Textfelder,
(3) Elemente von Textfeldern, und
(4) Teilketten.

Für interne Dateien stehen nur die Anweisungen READ in der allge-
meinen Form und WRITE zur Verfügung; der Zugriff auf eine interne
Datei erfolgt durch die Angabe ihres Namens im Steuerparameter
[UNIT=]u.

Zulässig sind nur formatierte Übertragungen, die außerdem grundsätzlich formatgesteuert erfolgen müssen.

Textvariablen, Elemente von Textfeldern und Teilketten bestehen als
interne Dateien jeweils aus genau einem Satz. Bei Textfeldern bildet dagegen jedes Element einen Satz; die Anzahl der Elemente eines

Textfeldes, das als interne Datei angesprochen werden soll, muß in der jeweiligen Programmeinheit explizit festgelegt sein, d.h. in der Vereinbarung des Feldes darf als obere Grenze für den Index der letzten Dimension kein Stern angegeben sein.

Anders als eine externe Datei wird eine interne Datei am Beginn jeder Übertragung erneut auf ihren Anfang positioniert, d.h. im Fall eines Textfeldes auf den Anfang des ersten Satzes, sonst auf den Anfang des einen Satzes, aus dem die Datei besteht. Die Änderungen der Positionierung während einer Übertragung erfolgen dagegen wie bei einer externen Datei.

Das Ende einer internen Datei besteht, anders als bei externen Dateien, aus dem Ende ihres (letzten) Satzes, und nicht aus einem besonderen EOF-Satz. Falls beim Lesen einer internen Datei deren Ende erreicht bzw. überschritten wird, erfolgen dieselben Aktionen wie bei externen Dateien; insbesondere haben die Steuerparameter IOSTAT=ios und END=s dieselbe Bedeutung wie bei externen Dateien (siehe 6.2.4).

Auf eine Textgröße, die an einer Stelle einer Programmeinheit als interne Datei angesprochen wird, kann an anderer Stelle der Programmeinheit ohne weiteres in anderer Form zugegriffen werden, z.B. als Operand einer Konkatenation oder als Element einer Ein-/Ausgabeliste.

Beispiel: Mit internen Dateien wird man zum einen dann arbeiten, wenn sich eine gewünschte externe Darstellung eines Wertes mit den vorhandenen Formatbeschreibern nicht direkt erzeugen läßt.

Es seien etwa DM-Beträge auszugeben. Dabei seien führende Leerzeichen durch Sterne und der Dezimalpunkt durch ein Komma zu ersetzen; außerdem soll auf jeden Fall ein Vorzeichen rechts neben die Ziffernfolge gesetzt werden, vor dem Komma mindestens eine Ziffer stehen. Gelöst werden soll das Problem durch ein Funktionsunterprogramm mit dem umzuwandelnden (REAL-)Wert als erstem und der Länge der zu erzeugenden Zeichenfolge als zweitem Parameter:

```
      CHARACTER*(*) FUNCTION UMWAND(WERT,L)
      CHARACTER*10 FORM
      FORM='(SP,F  .2)'
      WRITE(FORM(6:7),'(I2)') L-1
      WRITE(UMWAND(1:L),FORM) WERT
      DO 1, I=1,L,1
      IF (UMWAND(I:I).NE.' ') GOTO 2
    1 UMWAND(I:I)='*'
    2 UMWAND(L:L)=UMWAND(I:I)
      UMWAND(I:I)='*'
      UMWAND(L-3:L-3)=','
      IF (UMWAND(L-4:L-4).EQ.'*') UMWAND(L-4:L-4)='0'
      END
```

Mit diesem Unterprogramm schreibt die Anweisungsfolge

```
      CHARACTER*500 UMWAND,TEXT(2)*8
      TEXT(1)=UMWAND(-17.5,8)
      TEXT(2)=UMWAND(.41,8)
      WRITE(19,'(1X,A,2X,A)') TEXT
```

in die Datei mit der Nummer 19 als einen Satz die Zeichenfolge
ƀ**17,50-ƀƀ***0,41+

Die Funktion UMWAND demonstriert gleichzeitig eine zweite Anwendung
interner Dateien: Jedes Format muß die Formatbeschreiber in der
externen Darstellung enthalten; falls ein Format nicht bereits beim
Schreiben des Programms in allen Einzelheiten festgelegt werden
kann, sondern von Größen abhängt, die erst im Programm berechnet
werden, wird man zum Aufbau des Formats, zumindest teilweise, die
Möglichkeiten der internen Dateien nutzen. In der Funktion UMWAND
wird so die jeweilige Größe des Ausgabefeldes in das Format eingesetzt.

## 8 Speicherplatzorganisation und Anfangswerte

In diesem Abschnitt werden nicht ausführbare Anweisungen behandelt,
für die in erster Linie in umfangreichen Programmen Bedarf besteht.


### 8.1 <u>COMMON</u>

Jede Programmeinheit hat einen eigenen Speicherbereich, auf den andere Programmeinheiten nicht direkt zugreifen können. Über Parameterlisten können Daten zwischen zwei Programmeinheiten übergeben
werden.

Es gibt eine zweite Methode der Datenübergabe: Man kann Speicherbereiche definieren, genannt <u>COMMON-Blöcke</u>, auf die aus verschiedenen Programmeinheiten zugegriffen werden kann. Dieses geschieht
durch die Anweisung

        COMMON [/[cb]/]nliste[[,]/[cb]/nliste]...

Hierin sind

cb      Namen von COMMON-Blöcken
nliste  Namenlisten, die Namen von Variablen und Feldern, ggf. mit
        Felddefinitionen, enthalten

Mit COMMON-Anweisungen können die gemeinsamen Speicherbereiche für
verschiedene Programmeinheiten eines ausführbaren Programms vereinbart werden. Diese sind der <u>unbenannte COMMON-Block</u> und die <u>benann-
ten COMMON-Blöcke</u>. Der unbenannte COMMON-Block wird angesprochen,
sooft in der COMMON-Anweisung die Angabe eines Namens cb weggelassen wird. Aus der COMMON-Anweisung ist zu ersehen, daß das erste
Paar Schrägstriche weggelassen werden kann, wenn der entsprechende
Name cb fehlt. Die Namen der COMMON-Blöcke sind global, die in den
Namenlisten erscheinenden Namen sind lokal. Der Name eines COMMON-
Blocks kann auch eine lokale Größe in derselben Programmeinheit bezeichnen mit Ausnahme einer Konstanten, einer inneren Standardfunktion oder einer Variablen, deren Name mit dem einer externen Funktion identisch ist. Der Name eines COMMON-Blocks kann außer in ei-
ner COMMON- nur in einer SAVE-Anweisung (siehe 8.5) erscheinen.
Felder können in einer COMMON-Anweisung dimensioniert werden, wobei

als Indexgrenzen nur konstante INTEGER-Ausdrücke zugelassen sind.

Beispiel: Statt

```
REAL B(4,4)
COMMON B
```

kann man bei Nutzung der Namensregel kürzer schreiben

```
COMMON B(4,4)
```

Die Speicherplätze in einem COMMON-Block werden in der Reihenfolge an Variablen und Felder vergeben, wie deren Namen in den Listen nliste erscheinen.

Bei byteorientierten Maschinen können numerische Datenelemente typabhängig auf Byte-, Halbwort-, Wort- oder Doppelwortgrenzen ausgerichtet gespeichert werden. Daher können in COMMON-Blöcken Lücken entstehen. Man kann eine lückenlose Belegung erreichen, wenn man die Datenelemente nach der Länge absteigend geordnet in den COMMON-Blöcken speichert, d.h. die längsten Datenelemente zuerst. Jeder COMMON-Block beginnt an einer Doppelwortgrenze.

Der Name eines COMMON-Blocks kann in einer COMMON-Anweisung mehrfach genannt werden. Wenn das geschieht, setzt die neue nliste die vorangehende nliste fort, die zu demselben COMMON-Block gehört. Derselbe COMMON-Block-Name kann auch mehrfach in verschiedenen COMMON-Anweisungen derselben Programmeinheit erscheinen. Dann werden die zugehörigen Namenlisten als aneinandergekettet aufgefaßt. Entsprechendes gilt für den unbenannten COMMON-Block. Beispiel: Die Anweisung

```
COMMON /BLK/N,A(10,10)//U,V,W/BLK/B(10),X(10)
```

ist äquivalent den Anweisungen

```
COMMON U,V,W
COMMON /BLK/N,A(10,10)
COMMON /BLK/B(10),X(10)
```

Die Listen eines COMMON-Blocks in COMMON-Anweisungen verschiedener Programmeinheiten werden auf den Anfang des gemeinsamen COMMON-Blocks ausgerichtet.

Wenn ein Name in einer nListe mit dem Typ CHARACTER verbunden ist,
müssen es auch alle anderen Namen der Liste sein. Auch in anderen
Programmeinheiten dürfen dann nur Größen des Typs CHARACTER in den
entsprechenden COMMON-Block gebracht werden.

Wenn zwischen zwei Programmeinheiten Daten übergeben werden sollen,
ist auch sonst nur die Zuordnung von Größen gleichen Typs sinnvoll,
abgesehen von den Typen REAL und COMPLEX. Da im Fall des Typs
COMPLEX in zwei konsekutiven Worten REAL-Konstanten für den Real-
und Imaginärteil einer komplexen Zahl dargestellt sind, kann es
zweckmäßig sein, über COMMON-Anweisungen COMPLEX- und REAL-Größen
einander zuzuordnen.

Steht beispielsweise in Programmeinheit 1

```
COMPLEX Z(100)
COMMON Z
```

und in Programmeinheit 2

```
REAL X(2,100)
COMMON X
```

so greifen in Programmeinheit 2 X(1,1), X(1,2),..., X(1,100) auf
die Realteile und X(2,1), X(2,2),..., X(2,100) auf die Imaginärtei-
le von Z(1), Z(2),..., Z(100) zu.

Es ist aber auch erlaubt, in einem COMMON-Block Daten der Typen
INTEGER, REAL, DOUBLE PRECISION, COMPLEX oder LOGICAL einander
zuzuordnen. Allerdings wird davon selten und nur in umfangreichen
Programmen in dem Fall Gebrauch gemacht, daß Daten eines COMMON-
Blocks nicht mehr benötigt werden und der COMMON-Block zur Ein-
sparung von Speicherplatz auch von Daten anderen Typs belegt wird.
Die Länge eines COMMON-Blocks, dessen Elemente vom Typ CHARACTER
sind, wird durch die Anzahl seiner Zeichen gemessen, bei den ande-
ren Typen durch die Anzahl seiner Worte. Dabei wird eine durch eine
EQUIVALENCE-Anweisung (siehe 8.2) bewirkte Verlängerung eines
COMMON-Blocks berücksichtigt.

Ein benannter COMMON-Block muß in allen Programmeinheiten, in denen
er genannt wird, mit der gleichen Länge vereinbart sein. Für den

unbenannten COMMON-Block besteht diese Forderung nicht.

Somit kann das Beispiel zur Suche des Maximums und des Minimums in einem Feld aus Abschnitt 4.5.5 abgeändert werden zu

```
COMMON B(4,4)
READ *, B
CALL MINMAX
END
SUBROUTINE MINMAX
COMMON A(16)
...
END
```

Benannte COMMON-Blöcke können nützlich sein, wenn ein Programm aus vielen Programmeinheiten besteht und diese jeweils nur einen Teil der in COMMON-Blöcken gespeicherten Daten benötigen. Dann können die von einer Programmeinheit benötigten Daten in einem Block zusammengefaßt werden, die übrigen brauchen in dieser Programmeinheit nicht genannt zu werden. Allerdings kann man die gleiche Wirkung durch Datenübergabe mit Parameterlisten erzielen. Als geringfügiger Vorteil der Übergabe mit COMMON-Anweisungen bleibt, daß Unterprogrammaufrufe kürzer werden.

Beispiel für die Anwendung benannter COMMON-Blöcke:

Programmeinheit 1
```
COMPLEX U,V,W
COMMON /B1/ R,S,X(5) /B2/ U,V,W/B3/ A(6,6),B(5)
```

Programmeinheit 2
```
COMPLEX R,S
COMMON /B2/ R,S,X,Y
```

Programmeinheit 3
```
COMMON /B3/ P(5,5),Q(16)
```

In diesem Beispiel belegen also U und V aus Programmeinheit 1 dieselben Wörter wie R und S aus Programmeinheit 2, belegt W aus Programmeinheit 1 dieselben Wörter wie X und Y aus Programmeinheit 2, belegen A(1,1) bis A(1,5) dieselben Wörter wie P, A(2,5) bis A(6,6)

und B dieselben Wörter wie Q.

Nach Ausführung der Anweisung END oder RETURN in einem Unterprogramm können Daten in einem benannten COMMON-Block durch Überspeicherung in einen undefinierten Zustand übergehen. Das kann jedoch nur dann eintreten, wenn der COMMON-Block in der Programmeinheit, die das Unterprogramm direkt oder indirekt aufrief, nicht genannt ist. Diese Daten können durch die Anweisung SAVE (siehe 8.5) gerettet werden.

Ob der genannte Fall überhaupt eintreten kann, hängt von der jeweiligen Anlage ab.


8.2     EQUIVALENCE

Während mit der COMMON-Anweisung Variablen und Feldern aus verschiedenen Programmeinheiten dieselben Speicherplätze zugewiesen werden, wirkt die Anweisung

         EQUIVALENCE (n,n[,n]...)[,(n,n[,n]...)]...

auf Variablen und Felder derselben Programmeinheit und weist ihnen dieselben Speicherplätze zu. Hierin sind

n        Variablen, Felder, Feldelemente oder Teilketten, die jedoch
         keine formalen Parameter sein dürfen

Es ist klar, daß jede Liste n,n[,n]... mindestens zwei Elemente enthalten muß. Alle Elemente werden auf einen gemeinsamen Anfang ausgerichtet.

Ein Listenelement vom Typ CHARACTER darf nur mit einem anderen vom Typ CHARACTER in einer EQUIVALENCE-Anweisung gleichgesetzt werden. Es wird dann das erste Zeichen dieser Elemente auf denselben Platz gesetzt, ihre Längen dürfen verschieden sein.

Sonst dürfen auch Listenelemente verschiedenen Typs gleichgesetzt werden. Eine Typumwandlung ist damit nicht verbunden.

Wenn der Name eines Feldes in einer EQUIVALENCE-Anweisung genannt wird, so wird das erste Feldelement angesprochen.

Als Indizes von Feldelementen sowie als erste und letzte Zeichenposition von Teilketten dürfen nur konstante INTEGER-Ausdrücke vorkommen. Bekanntlich sind Feldelemente in aufeinanderfolgenden Plätzen gespeichert. Werden in einer Liste zwei Elemente zweier Felder genannt, so erhalten daher nicht nur diese gleichen Speicherplatz, sondern ggf. auch weitere Elemente.

Beispiel:      REAL A(-2:2),B(4)
               EQUIVALENCE (A(2),B(3),X)

bewirkt folgende Speicherbelegung

    A(-2)    A(-1)    A(0)    A(1)    A(2)
                      B(1)    B(2)    B(3)    B(4)
                                      X

Feldelemente und Variablen, die denselben Speicherplatz belegen, sind jeweils untereinander notiert.

Entsprechend können auch mehrfach indizierte Feldelemente anderen Listenelementen gleichgesetzt werden.

Selbstverständlich ist es unzulässig, zwei Namen aus COMMON-Anweisungen oder zwei Elemente desselben Feldes gleichzusetzen. Unzulässig ist es aber auch, indirekt eine verbotene Gleichsetzung vorzunehmen wie in der Anweisung

          EQUIVALENCE (A(1),B(1)),(A(1),B(100))

Es ist aber möglich, durch eine EQUIVALENCE-Anweisung eine nicht in einer COMMON-Anweisung genannte Variable oder ein Feld in einen COMMON-Block hineinzubringen, wobei der COMMON-Block auch "über sein Ende hinaus" verlängert werden kann.

Beispiel:      COMMON /X/A(3),Z
               REAL B(4)
               EQUIVALENCE (A(3),B(2))

Ohne die EQUIVALENCE-Anweisung würde der COMMON-Block X 4 Worte umfassen. Durch die EQUIVALENCE-Anweisung wird er über sein Ende hinaus verlängert, woraus folgende Speicherplatzverteilung resultiert:

```
A(1)    A(2)    A(3)    Z
        B(1)    B(2)    B(3)    B(4)
```

Eine entsprechende Verlängerung eines COMMON-Blocks "über seinen Anfang hinaus" ist unzulässig.

Als Anwendungsbeispiel für die EQUIVALENCE-Anweisung wird das Programm zur Suche des Minimums und des Maximums eines Feldes aus den Abschnitten 4.5.5 und 8.1 nochmals etwas abgewandelt.

```
        REAL A(4,4),B(16)
        EQUIVALENCE (A(1,1),B(1))
*       Man hätte auch EQUIVALENCE (A,B) schreiben können
        READ *, A
        :
        :  (Hier folgt der Algorithmus zur Suche des Minimums
        :  und des Maximums unmittelbar, nicht als Unterpro-
        :  gramm formuliert)
        :
        END
```

## 8.3    DATA

Bei Beginn der Ausführung eines Programms sind die Werte aller darin genannten Variablen, Felder und Teilketten undefiniert. Bisher wurden diesen Größen Werte in Eingabeanweisungen und Wertzuweisungen während der Ausführung eines Programms erteilt. Vor bzw. zu Beginn der Ausführung eines Programms können allen Größen Anfangswerte durch die Anweisung

        DATA nliste/cliste/[[,]nliste/cliste/]...

erteilt werden. Hierin sind

nliste   Namenliste, d.h. Liste von Variablen, Feldelementen, Feldern und Teilketten sowie impliziten DO-Elementen

cliste   Konstantenliste a[,a].... Dabei hat a die Form
         - c, wo c Konstante oder Name einer Konstanten ist, oder
         - r*c, wo r eine von Null verschiedene INTEGER-Konstante ohne Vorzeichen oder der Name einer solchen Konstanten ist, und einen Wiederholungsfaktor bedeutet.

Eine Namenliste kann bis auf folgende Ausnahmen wie eine Eingabeliste (siehe 6.2.5) aufgebaut sein:

(1) Formale Parameter von Unterprogrammen, Funktionsnamen, Namen
    von Eingangspunkten und Größen aus dem unbenannten COMMON-Block
    dürfen grundsätzlich nicht genannt werden.

(2) Größen aus einem benannten COMMON-Block dürfen nur innerhalb
    von BLOCKDATA-Unterprogrammen (siehe 8.4) Anfangswerte erteilt
    werden.

(3) In impliziten DO-Elementen (doliste,i=e1,e2[,e3]) müssen die
    Laufvariable i sowie die Parameter e1, e2 und e3 den Typ
    INTEGER besitzen. e1, e2 und e3 müssen konstante INTEGER-Aus-
    drücke sein, in denen zusätzlich die Laufvariablen übergeordne-
    ter impliziter DO-Elemente als Operanden verwendet werden dür-
    fen. Für den Durchlaufzähler muß ein Wert größer als Null re-
    sultieren.

(4) Ausdrücke, durch die Anfang und Ende einer Teilkette festgelegt
    werden, müssen konstante INTEGER-Ausdrücke sein.

(5) Die Indizes von Feldelementen müssen konstante INTEGER-Aus-
    drücke sein, in denen zusätzlich die Laufvariablen impliziter
    DO-Elemente als Operanden verwendet werden dürfen.

Jede Konstantenliste muß ebenso viele Elemente enthalten wie die
Namenliste, zu der sie gehört; zwischen den Größen in der Namenliste und den Werten in der Konstantenliste wird eine eins-zu-eins-
Zuordnung hergestellt. Insbesondere muß, wenn der Name eines Feldes
genannt wird, jedes Feldelement mit einem Wert besetzt werden, wobei die Reihenfolge der Feldelemente durch die Speicherabbildungsfunktion bestimmt wird.

Die Elemente der Konstantenliste müssen zu den Größen der Namenliste "passen":

(1) Jeder arithmetischen Größe der Namenliste muß eine arithmeti-
    sche Konstante zugeordnet werden. Bei Ungleichheit der Typen
    erfolgt eine automatische Typumwandlung wie bei einer arithme-
    tischen Wertzuweisung (siehe 2.1.7).

(2) Jeder logischen Größe der Namenliste muß eine logische Konstan-
    te zugeordnet werden.

(3) Jeder Textgröße der Namenliste muß eine Textkonstante zugeord-
    net werden. Bei ungleichen Längen werden wie bei einer Wertzu-
    weisung für Textgrößen (siehe 5.2.2) an die Konstante Leerzei-
    chen angehängt bzw. die letzten (rechten) Zeichen der Konstante
    ignoriert.

Jedem Speicherplatz darf höchstens einmal in einem ausführbaren
Programm ein Anfangswert erteilt werden. Insbesondere darf von zwei
Größen, die den gleichen Speicherplatz belegen, höchstens eine in
einer DATA-Anweisung genannt werden.

Beispiel:

```
          REAL D(5)
          DOUBLE PRECISION A(10,10),X(10)
          CHARACTER*15 TEXT
          COMPLEX C
          LOGICAL R,S
          DATA X,(A(I,I),I=1,10),D(3)/20*1.,.5/,
     *        C,TEXT/(1.,1.),'ANFANGSWERTE'/,
     *        R,S/.TRUE.,.FALSE./
          ...
```

Bemerkung: Die DATA-Anweisung erteilt TEXT den Anfangswert
ANFANGSWERTEɃɃɃ.

Wenn die Werte des Beispiels während der Ausführung eines Programms
zugewiesen werden sollen, kann das durch die Anweisungen

```
          ...
          DO 10, I=1,10
          X(I)=1.
     10   A(I,I)=1.
          D(3)=.5
          C=(1.,1.)
          TEXT='ANFANGSWERTE'
          R=.TRUE.
          S=.FALSE.
          ...
```

geschehen.

## 8.4  BLOCKDATA

Variablen und Feldern in benannten COMMON-Blöcke dürfen Anfangswerte nur in BLOCKDATA-Unterprogrammen zugewiesen werden, Variablen
und Feldern im unbenannten COMMON-Block überhaupt nicht (siehe
8.1).

Die erste Anweisung eines BLOCKDATA-Unterprogramms ist

```
BLOCKDATA [name]
```

wo name der Name des BLOCKDATA-Unterprogramms ist. Sonst dürfen nur
die Anweisungen IMPLICIT, PARAMETER, DIMENSION, COMMON, SAVE (siehe
8.5), EQUIVALENCE, DATA, Typanweisungen und END in einem BLOCKDATA-
Unterprogramm vorkommen. Kommentarzeilen sind natürlich erlaubt.

Ein BLOCKDATA-Unterprogramm dient nur der Erteilung von Anfangswer-
ten an Variablen und Felder in benannten COMMON-Blöcken. Es ist
keine Prozedur und wird nirgends aufgerufen. Die Benennung von
BLOCKDATA-Unterprogrammen ist nur erforderlich, wenn mehrere davon
vorhanden sind. Die Nennung eines BLOCKDATA-Unterprogramms in einer
EXTERNAL-Anweisung beinhaltet nur die Information, daß dieses Unterprogramm an das ausführbare Programm anzuschließen ist.

Auch für BLOCKDATA-Unterprogramme gilt, daß benannte COMMON-Blöcke
dieselbe Länge wie in den anderen Programmeinheiten haben müssen.

Wenn die Variablen und Felder des Beispiels aus Abschnitt 8.3 in
COMMON-Blöcken stehen, können die Anfangswerte durch das folgende
BLOCKDATA-Unterprogramm erteilt werden.

```
BLOCKDATA
DOUBLE PRECISION A,X
CHARACTER*15 TEXT
COMPLEX C
LOGICAL R,S
COMMON /BL1/X(10),A(10,10),D(5)/BL2/C,R,S/BL3/TEXT
DATA X,A(I,I),I=1,10),D(3)/20*1.,.5/,
*      TEXT/'ANFANGSWERTE'/,
*      C,R,S/(1.,1.),.TRUE.,.FALSE./
END
```

8.5     <u>SAVE</u>

Nach der Ausführung einer RETURN- oder END-Anweisung in einer externen Prozedur gehen Hilfsgrößen und u.U. in einem benannten COMMON-Block stehende Daten, weil sie alle lokal sind, in einen undefinierten Zustand über. Sie können nämlich durch andere Daten überspeichert werden und stehen damit beim nächsten Aufruf nicht mehr zur Verfügung. So sieht es jedenfalls die Norm vor. Ob der Fall tatsächlich eintreten kann, hängt von der betreffenden Anlage ab. Es ist nämlich auch möglich, daß vor der Ausführung ein Maschinenprogramm erzeugt wird, das alle Unterprogramme mit festen Speicherplätzen enthält. Dann wird auch nichts überspeichert. Die in der Norm beschriebene Situation tritt ein, wenn während der Ausführung eines Programms Unterprogramme dynamisch nachgeladen werden.

Lokale Größen können "gerettet" werden durch die Anweisung

        SAVE [a[,a]...]

Hierin sind

a       Variablen und Felder, die keine formalen Parameter und keine Größen aus COMMON-Blöcken sind, oder Namen von COMMON-Blöcken. Namen von COMMON-Blöcken müssen in Schrägstriche eingeschlossen sein

Fehlt die Liste ganz, so werden alle lokalen Größen des Unterprogramms gerettet. Wenn ein COMMON-Block genannt wird, werden alle zu ihm gehörenden Größen erfaßt.

Ein simples Anwendungsbeispiel ergibt die Aufgabe, in einer Hilfsvariablen die Aufrufe eines Unterprogramms zu zählen.

        PROGRAM HAUPT
        ...
        CALL UP
        ...
        END

```
SUBROUTINE UP
SAVE I
DATA I/0/
I = I+1
...
END
```

Die SAVE-Anweisung beläßt also nach Verlassen von UP die Hilfsvariable I in definiertem Zustand. Ohne SAVE gibt es zwei Möglichkeiten: Die Hilfsgrößen können durch Überspeicherung in einen undefinierten Zustand übergehen oder stets auch ohne SAVE-Anweisung erhalten bleiben. Oben wurde darauf hingewiesen, daß es von der betreffenden Anlage abhängt, welcher der beiden Fälle eintritt.

Wenn ein COMMON-Block in einer SAVE-Anweisung eines Unterprogramms genannnt ist, dann muß er auch in allen anderen Unterprogrammen, in denen er in einer COMMON-Anweisung steht, in einer SAVE-Anweisung genannt werden.

Nicht betroffen von unkontrollierbarer Überspeicherung sind

(1) benannte COMMON-Blöcke, die auch in der rufenden Programmeinheit genannt sind,
(2) der unbenannte COMMON-Block, sowie
(3) durch DATA-Anweisung definierte Größen, solange sie nicht durch eine Wertzuweisung oder eine READ-Anweisung verändert werden.

Daß die unter (3) genannten Größen erhalten bleiben, folgt aus den am Anfang dieses Abschnitts gemachten Bemerkungen: Falls alle Grössen feste Speicherplätze haben, bleiben die Anfangswerte bestehen, bis sie durch eine Wertzuweisung oder eine READ-Anweisung überschrieben werden; falls Unterprogramme während der Ausführung des Programms dynamisch nachgeladen werden, werden bei jedem Nachladen die Anfangswerte neu erteilt.

# 9   Zum Beispiel: Sortieren

Nicht jeder Algorithmus läßt sich ohne weiteres und direkt in ein
FORTRAN-Programm übertragen - ganz einfach, weil entsprechende
Sprachelemente fehlen. So sind zum Beispiel rekursive Unterprogramme ausdrücklich verboten, fehlen Datentypen, die den Aufbau verket-
teter Listen unmittelbar erlauben.

Allerdings reichen die Möglichkeiten von FORTRAN ohne weiteres aus,
solche Programmiertechniken zu simulieren, wobei sich der Program-
mieraufwand teilweise nicht einmal nennenswert erhöht.

Dies soll in den nächsten Abschnitten am Sortieren als Beispiel demonstriert werden. Da das Sortieren ein immer wiederkehrendes Problem der Datenverarbeitung ist, wurde sehr viel Mühe auf die Suche
nach "guten" Sortieralgorithmen verwendet - und dabei resultierten
dann prinzipiell völlig verschiedene Algorithmen.

Wenn hier nur das aufsteigende Sortieren ganzer Zahlen, z.B. der
Folge

        5,6,0,1,3,7,4,2

betrachtet wird, ist das keine wesentliche Einschränkung. Es ist
nämlich leicht zu sehen, daß die Algorithmen nicht oder nur gering-
fügig verändert werden müssen, wenn Daten mit anderen Typen zu sortieren sind, und/oder wenn die Daten nach anderen Kriterien sortiert werden sollen.


## 9.1   Sortieren durch Einfügen

Am Anfang soll ein Algorithmus stehen, der sich mit den Sprachele-
menten von FORTRAN unmittelbar in ein Programm übertragen läßt.

Das "Sortieren durch Einfügen" entspricht dem Vorgehen eines Kar-
tenspielers, der seine Karten nacheinander aufnimmt und jede neu
aufgenommene Karte an die "richtige" Stelle zwischen die bereits
zuvor aufgenommenen Karten steckt.

Für N Zahlen, die in einem Vektor V gespeichert sind, läßt sich der
Algorithmus so beschreiben:

(1) Nacheinander werden Teilfolgen der Länge 1,2,...,N sortiert; dabei umfaßt die Teilfolge der Länge J gerade die ersten J Elemente der Ausgangsfolge.

(2) Die Teilfolge der Länge 1, mit der der Algorithmus startet, ist immer sortiert. Nachdem die Teilfolge der Länge N sortiert ist, bricht der Algorithmus ab.

(3) Wenn die Teilfolge der Länge J (1≤J<N) bereits sortiert ist, erhält man die sortierte Teilfolge der Länge J+1 so:

(3a) Der Wert aus V(J+1) wird in einen Hilfsspeicher H übertragen. Es wird K=J gesetzt.

(3b) Falls V(K) ≤ H oder K=0 gilt, wird der Wert aus H nach V(K+1) übertragen. Damit ist die Teilfolge der Lange J+1 fertig sortiert.

(3c) Falls V(K) > H und K > 0 gilt, wird der Wert aus V(K) nach V(K+1) übertragen und der Wert von K um 1 verringert. Anschließend wird bei Schritt 3b fortgefahren.

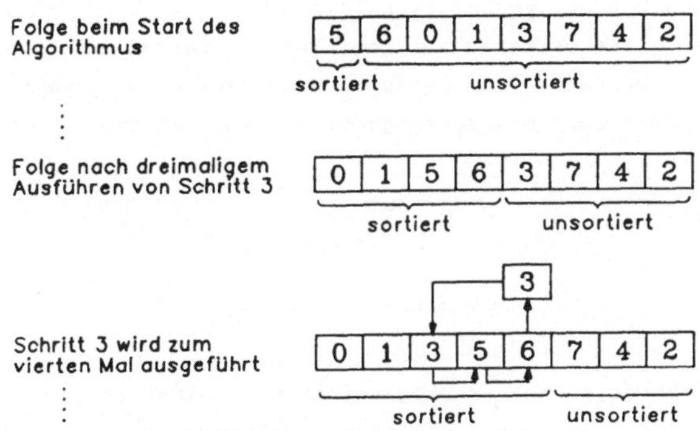


Bild 4: Sortieren durch Einfügen

In Bild 4 sind einige Schritte dieses Algorithmus für die Beispiel-Folge angegeben.

Als Subroutine kann der Algorithmus so formuliert werden:

```
        SUBROUTINE EINFUE(V,N)
        INTEGER V(N),H
        DO 2, J=1,N-1,1
        H=V(J+1)
        DO 1, K=J,1,-1
        IF (V(K).LE.H) GOTO 2
      1 V(K+1)=V(K)
      2 V(K+1)=H
        END
```

Bemerkung: In diesem Unterprogramm wird die Tatsache genutzt, daß
die Laufvariable K gerade den Wert Null besitzt, wenn ihre Schleife
abgearbeitet wurde.


## 9.2    Verkettete Listen

Ein Mangel des Sortierens durch Einfügen ist, daß die Anzahl der
Umspeicherungen von Daten sehr groß werden kann. Abhilfe schafft
die Verwendung einer verketteten (linearen) Liste. Die Elemente einer solchen Liste bestehen aus zwei Teilen: Der eine Teil enthält
das eigentliche Datum (zum Beispiel eine Zahl), der andere Teil einen Zeiger, der auf das nachfolgende Element der Liste verweist.

**Bild 5: Lineare Liste**


Zusätzlich benötigt man im allgemeinen noch einen Zeiger, der auf
den Anfang der Liste verweist (hier mit "Start" bezeichnet), und
einen speziellen Zeiger, der kennzeichnet, daß es kein nachfolgen-
des Element gibt (allgemein mit "nil" bezeichnet).

Das Einfügen eines zusätzlichen Elements in eine solche Liste ist
sehr einfach: Man hat nur zwei Zeiger geeignet zu setzen bzw. zu
verändern.

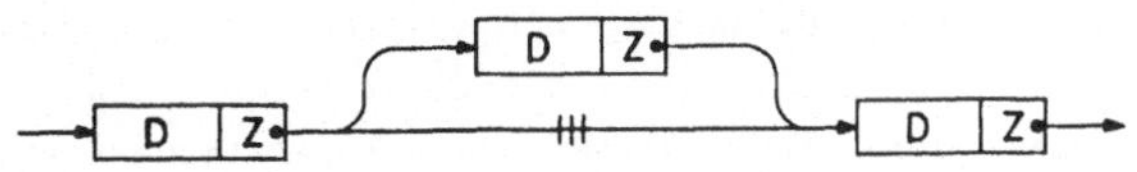

Bild 6: Einfügen in eine lineare Liste

Ebenso einfach kann aus einer verketteten Liste ein Element durch Verändern eines Zeigers entfernt werden.

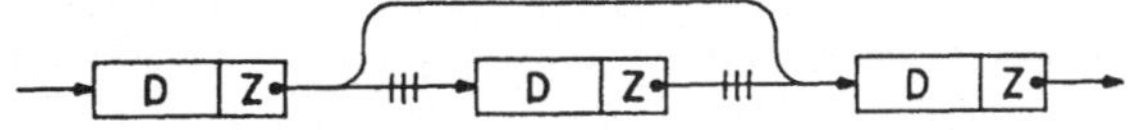

Bild 7: Entfernen aus einer linearen Liste

Ob in dem Element, das aus der Liste entfernt wurde, der bisherige Zeiger stehen bleibt oder durch irgendeinen anderen Wert überschrieben wird, spielt natürlich keine Rolle.

In FORTRAN kann man verkettete Listen nur simulieren: Es werden zwei Vektoren vereinbart, einer für die Daten, der zweite (mit dem Typ INTEGER) für die Zeiger. Als Zeiger wird in den zweiten Vektor jeweils der Index der Komponente eingetragen, auf die verwiesen werden soll. Als Wert für nil kann man z.B. -1 eintragen.

Der Algorithmus, der N Zahlen durch Aufbau einer verketteten Liste sortiert, ist dem für das Sortieren durch Einfügen im Prinzip sehr ähnlich:

(1) Nacheinander werden verkettete Listen der Länge 1,2,...,N aufgebaut, in denen die Zeiger jeweils auf das Element mit dem nächstgrößeren Datum verweisen.

(2) Wenn die Liste die Länge N erreicht hat, bricht der Algorithmus ab.

(3) Aus der Liste mit der Länge J ($1 \leq J < N$) entsteht so die Liste mit der Länge J+1:

   (3a) Die Liste mit der Länge J wird von ihrem Anfang an, den

Zeigern folgend, so weit durchlaufen, bis die Position gefunden ist, an die das zusätzliche Element gehört.
(3b) Durch Ändern der Zeiger wird das zusätzliche Element in
die Liste eingefügt.

Die Simulation dieses Algorithmus durch ein FORTRAN-Programm besteht darin, den Vektor mit den Zeigern aufzubau-
en, während die Daten in dem
anderen Vektor in unveränder-
ter Reihenfolge stehenbleiben
(Bild 8).

In Schritt 3 des Algorithmus
können prinzipiell drei verschiedene Fälle vorkommen:

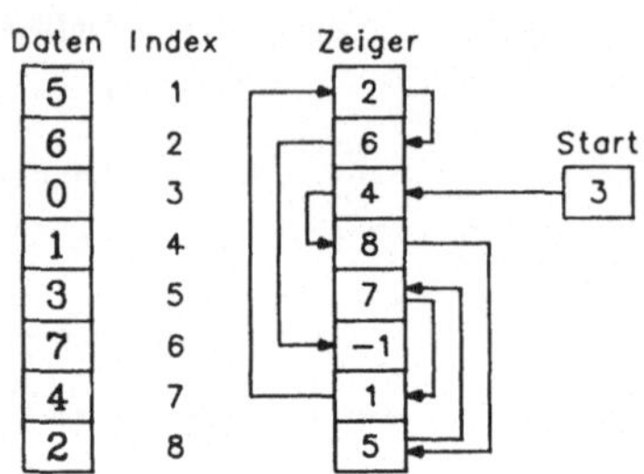


Bild 8: Simulation
einer linearen Liste
mit Start-Zeiger

(1) Die neue Zahl ist kleiner
als alle bisher eingeord-
neten, das zusätzliche Element muß also
vor dem bisher ersten Element in die Liste eingefügt werden.

(2) Die neue Zahl ist größer als alle bisher
eingeordneten, das zusätzliche Element
muß also hinter dem bisher letzten Element in die Liste eingefügt werden.

(3) Die neue Zahl ist größer als das bisherige Minimum und nicht größer als das bisherige Maximum, das zusätzliche Element
muß also irgendwo im Innern der Liste
eingefügt werden.

| Daten | Index | Zeiger |
| --- | --- | --- |
| $-\infty$ | -1 | 3 |
| $+\infty$ | 0 | -1 |
| 5 | 1 | 2 |
| 6 | 2 | 6 |
| 0 | 3 | 4 |
| 1 | 4 | 8 |
| 3 | 5 | 7 |
| 7 | 6 | 0 |
| 4 | 7 | 1 |
| 2 | 8 | 5 |

Bild 9: Simulation
einer linearen Liste
ohne Start-Zeiger

Die Fallunterscheidungen, die hierdurch
scheinbar unumgänglich sind, lassen sich jedoch leicht vermeiden: Bevor man mit dem Auf-
bau der eigentlichen Liste beginnt, definiert man zwei zusätzliche
Listenelemente und trägt in deren Datenteil Werte ein, die sicher-

stellen, daß das eine Element immer den Anfang und das andere Element immer das Ende der Liste bildet. Dadurch wird erreicht, daß jedes zusätzliche Element irgendwo im Inneren der Liste eingefügt werden muß, daß also nur noch der letzte der drei Fälle auftreten kann.

Bei der Simulation durch ein FORTRAN-Programm bietet es sich an, die beiden Vektoren um Komponenten mit den Indizes -1 und 0 zu erweitern, und in diesen die beiden zusätzlichen Listenelemente unterzubringen. Dieses Vorgehen hat gleichzeitig den Vorteil, daß man auf einen separaten Zeiger verzichten kann, der auf den (logischen) Anfang der Liste verweist (Bild 9).

Die Subroutine zu diesem Verfahren kann so aussehen:

```
        SUBROUTINE LISTE(DATEN,ZEIGER,N)
        INTEGER DATEN(-1:N),ZEIGER(-1:N)
        DATA MAXINT/.../
        DATEN(-1)=-MAXINT
        DATEN(0)=MAXINT
        ZEIGER(-1)=0
        ZEIGER(0)=-1
        DO 3, J=1,N
        L=-1
        DO 1, K=1,J
        IF (DATEN(J).LE.DATEN(ZEIGER(L))) GOTO 2
      1 L=ZEIGER(L)
      2 ZEIGER(J)=ZEIGER(L)
      3 ZEIGER(L)=J
        END
```

Bemerkung: Bei MAXINT ist im allgemeinen die, natürlich rechnerspezifische, größte darstellbare Zahl einzutragen. Wenn nähere Informationen über die Größenordnung der zu sortierenden Zahlen vorliegen, reicht es natürlich auch aus, irgendeine Zahl anzugeben, die dem Betrage nach größer ist als alle zu sortierenden Zahlen.

## 9.3    Bäume

Bei verketteten Listen enthält jedes Element der Liste genau einen Zeiger; umgekehrt wird auf jedes Element der Liste durch genau ein anderes Element bzw. durch den Start-Zeiger verwiesen.

In der Praxis treten neben den verketteten Listen häufig auch Datenstrukturen auf, deren Elemente entweder mehrere Zeiger enthalten oder auf deren Elemente von verschiedenen Stellen aus verwiesen wird.

Eine solche Datenstruktur wird als Baum bezeichnet, wenn die Zeiger zwischen je zwei Elementen höchstens einen Weg erlauben; ein Baum heißt gerichtet, wenn alle Verweise "Einbahnstraßen" sind (Bild 10); sonst heißt ein Baum ungerichtet (Bild 11).

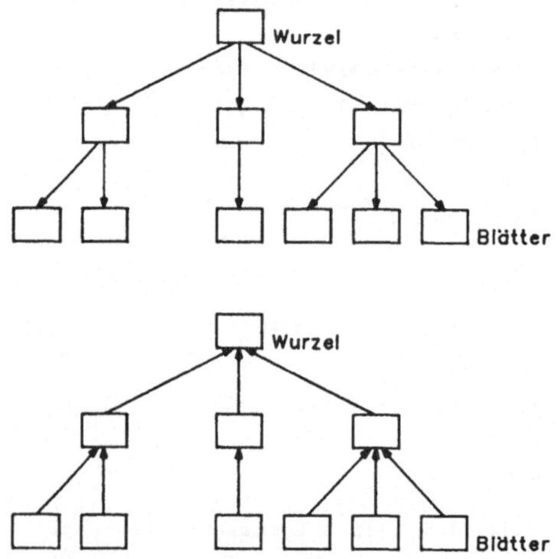


**Bild 10: Gerichtete Bäume**

Die Elemente eines Baumes heißen Knoten. In einem gerichteten Baum sind die Wurzel und die Blätter (Astspitzen) in natürlicher Weise gegenüber den restlichen Knoten ausgezeichnet; bei einem ungerichteten Baum kann es sinnvoll sein, einen Knoten als Wurzel auszuzeichnen, wodurch dann automatisch bestimmte andere Knoten zu Blättern werden.

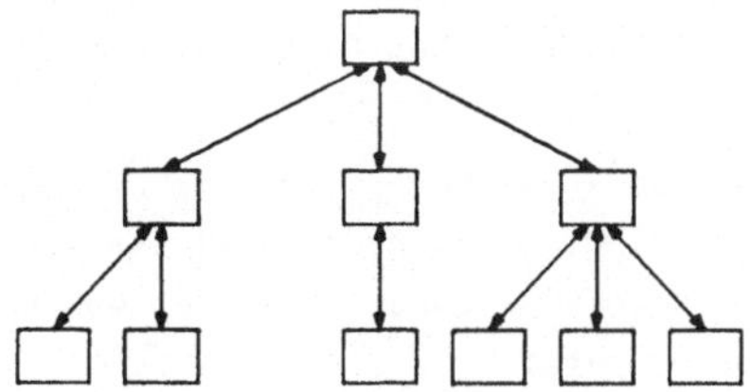

Bild 11: Ungerichteter Baum

Mit einem Baum arbeitet ein Sortierverfahren, das in zwei Phasen abläuft.

In der ersten Phase wird der Baum aufgebaut, und zwar in der Weise, wie zum Beispiel bei einem Tennisturnier im k.o.-System der Gesamtsieger ermittelt wird: Der Sieger in einem Vergleich kommt eine Runde weiter, der Verlierer scheidet aus. Für das Zahlenbeispiel erhält man so den Baum Bild 12.

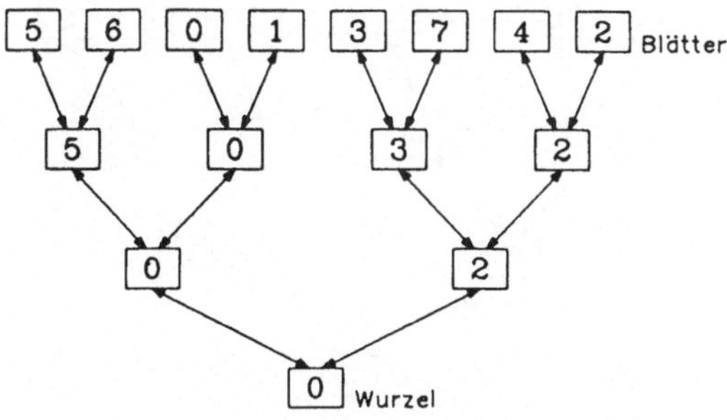


Bild 12: Sortier-Baum
nach Abschluß der 1. Phase

Wenn der Baum fertig aufgebaut ist, steht die kleinste Zahl in dem als Wurzel ausgezeichneten Knoten.

In der zweiten Phase werden nacheinander die zweitkleinste, drittkleinste, usw. Zahl bestimmt, wobei natürlich die Informationen genutzt werden, die in der ersten Phase gesammelt und gespeichert wurden.

Beim Tennisturnier ist klar: Der zweitbeste Spieler ist unter den Teilnehmern zu suchen, die, irgendwann, im Verlaufe des Turniers gegen den späteren Sieger verloren haben; es muß keineswegs der Verlierer des Finales sein.

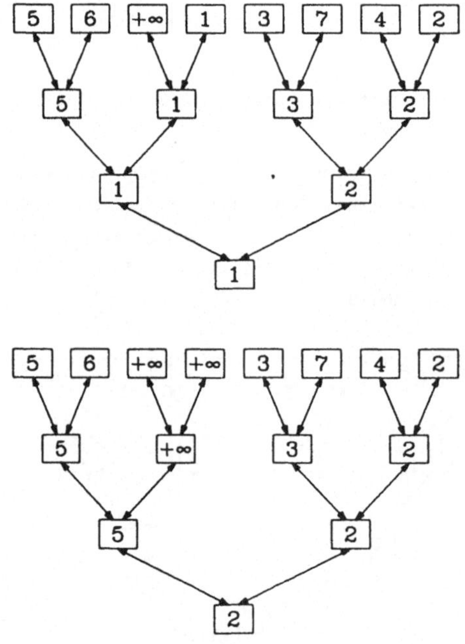

Bild 13: Veränderungen im Sortier-Baum
in der 2. Phase

Für das Sortieren heißt das, daß nur der Teil des Baumes neu be-

rechnet werden muß, in dem das Minimum vorkommt. Dieses geschieht
in drei Schritten:

(1) Von der Wurzel ausgehend und den Zeigern folgend wird das Blatt
    gesucht, in dem die kleinste Zahl steht.
(2) Die kleinste Zahl wird durch "+ " ersetzt bzw. durch irgendei-
    nen Wert, der größer ist als das Maximum der zu sortierenden
    Zahlen.
(3) Von dem Blatt aus wird zur Wurzel zurückgegangen. Für die Kno-
    ten, die dabei erreicht werden, werden die Werte neu bestimmt.

Bild 13 zeigt den Baum für das Beispiel, nachdem diese drei Schritte einmal bzw. zweimal ausgeführt wurden.

Bäume, bei denen ein Knoten als Wurzel ausgezeichnet ist, lassen
sich in FORTRAN natürlich prinzipiell ebenso wie verkettete Listen
simulieren; nur muß, anstelle eines Vektors, eine geeignet dimen-
sionierte Matrix zur Aufnahme der Zeiger vereinbart werden.

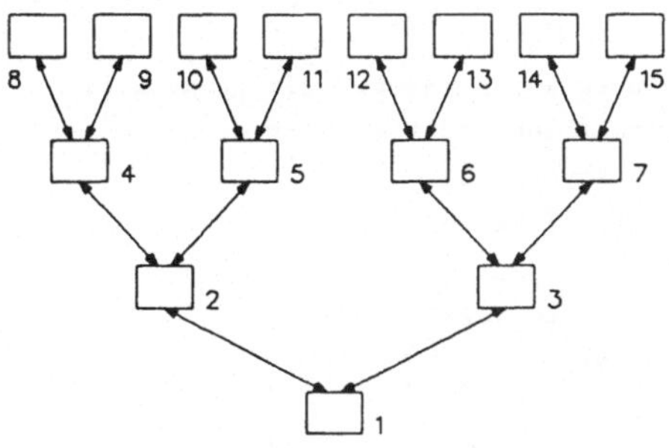


Bild 14: Numerierung der Knoten
des Sortier—Baumes

Wenn ein Baum symmetrisch aufgebaut ist, wie im Falle des Sortierens, bietet sich aber auch ein anderer Weg an: Man numeriert die
Knoten des Baumes so, daß man aus der Nummer eines Knotens die Werte der zugehörigen Zeiger berechnen kann. Bei einem _binären Baum_,
wie er beim Sortieren auftritt, liegt die Numerierung nahe, die in
Bild 14 angegeben ist.

Wenn i die Nummer eines Knotens ist, dann besitzen hier der benachbarte Knoten in Richtung der Wurzel die Nummer INT(i/2) und die beiden benachbarten Knoten in Richtung der Blätter die Nummern 2*i bzw. 2*i+1.

Das folgende Programm realisiert das Sortierverfahren:

```
      SUBROUTINE BAUM(V,N)
      INTEGER V(-N+1:2*N-1)
      DATA MAXINT/.../
*     Die Zahlenfolge wird in die Blätter
*     des Baumes umgespeichert
      DO 1, I=-N+1,0,1
    1 V(I+2*N-1)=V(I)
*     Phase 1: Der Baum wird aufgebaut
      DO 2, I=N-1,1,-1
    2 V(I)=MIN(V(2*I),V(2*I+1))
*     Die kleinste Zahl wird an ihren Platz gebracht
      V(-N+1)=V(1)
*     Phase 2: (N-1)-mal muß der nächstkleinste Wert
*     bestimmt und umgespeichert werden
      DO 5, K=-N+2,0,1
*     Schritt 1: Weg von der Wurzel zum Blatt
      I=1
    3 IF (V(I).EQ.V(2*I)) THEN
         I=2*I
      ELSE
         I=2*I+1
      ENDIF
      IF (I.LT.N) GOTO 3
*     Schritt 2: Überschreiben des Wertes durch MAXINT
      V(I)=MAXINT
*     Schritt 3: Rückweg zur Wurzel
    4 I=I/2
      V(I)=MIN(V(2*I),V(2*I+1))
      IF (I.GT.1) GOTO 4
*     Die nächstkleinste Zahl wird an ihren Platz gebracht
```

```
        V(K)=V(1)
      5 CONTINUE
        END
```

Bemerkungen:

(1) Der Algorithmus benötigt Hilfsspeicher. Die Subroutine BAUM
    unterstellt, daß die zu sortierenden Zahlen am Anfang des Vek-
    tors stehen, der ihm als Parameter übergeben wird, daß dieser
    Vektor so lang vereinbart ist, daß er die benötigten Hilfs-
    speicherplätze enthält.

(2) Der Wert für MAXINT in der DATA-Anweisung muß erneut offen
    bleiben, da die größte darstellbare INTEGER-Zahl von Rechner zu
    Rechner unterschiedlich sein kann. Es sei noch einmal darauf
    hingewiesen, daß als Wert für MAXINT auch jede andere Zahl ver-
    wendet werden kann, die größer ist als die zu sortierenden Zah-
    len.

(3) In der angegebenen Form funktioniert die Subroutine BAUM nur
    dann, wenn die Anzahl der zu sortierenden Zahlen eine Potenz
    von 2 ist. Auf die Änderungen, die vorzunehmen sind, damit
    beliebig lange Zahlenfolgen sortiert werden können, wird hier
    nicht eingegangen, da sie nichts prinzipiell neues bringen.

(4) Aus der Grundidee des Verfahrens kann ein Algorithmus ent-
    wickelt werden, der ohne Hilfsspeicher auskommt (siehe [9]).
    Auch darauf wird hier nicht eingegangen.


## 9.4 Rekursion

Auf einer völlig anderen Idee als die bislang betrachteten Verfahren beruht ein Sortieralgorithmus, der als "Quicksort" bezeichnet
wird.

Es seien wieder N Zahlen zu sortieren, die in den Komponenten eines
Vektors V gespeichert sind. Dann wird der Algorithmus so erklärt:

(1) Setze NU:=Index des ersten und NO:=Index des letzten Elements
    der Folge.

(2) Wenn NU $\geq$ NO gilt, die Folge also aus höchstens einem Element

besteht, ist die Folge bereits sortiert. Entsprechend ist nichts weiter zu tun.

(3) Wenn NU < NO gilt, werden eine Zahl K (NU≤K≤NO) bestimmt und Werte in V vertauscht, so daß gilt:
- Der Wert, der zunächst in V(NU) stand, steht jetzt in V(K).
- "Links" von V(K) (d.h. in V(NU),...,VN(K-1)) stehen, noch unsortiert, Werte, die nicht größer als V(K) sind.
- "Rechts" von V(K) (d.h. in V(K+1),...,V(NO)) stehen, noch unsortiert, Werte, die nicht kleiner als V(K) sind.

(4) Die Teilfolgen V(NU),...,V(K-1) und V(K+1),...,V(NO) werden, jede für sich, mit dem Verfahren sortiert.

Bei Schritt 3 ist für den Algorithmus nur das Resultat wesentlich, nicht jedoch die Art und Weise, in der es zustande kommt. Es ist daher zweckmäßig, einen Algorithmus, der Schritt 3 ausführt, gesondert zu formulieren. Entsprechend soll hier zunächst unterstellt werden, daß bereits eine Subroutine TEILE(V,NU,NO,K) zur Verfügung steht, die den Schritt ausführt. Ein entsprechendes Unterprogramm wird, der Vollständigkeit halber, im folgenden Abschnitt angegeben.

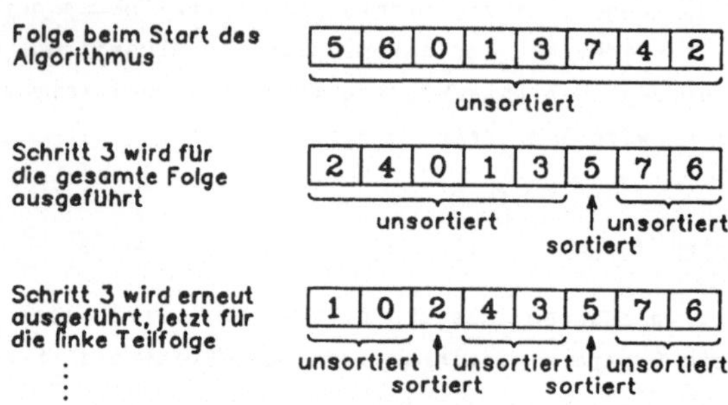


Bild 15: Quicksort

Wenn FORTRAN rekursive Unterprogramm-Aufrufe zuließe, könnte man diesen Algorithmus sehr einfach als Unterprogramm formulieren:

```
SUBROUTINE QSORTR(V,NU,NO)
INTEGER V(1:NO)
IF (NU.LT.NO) THEN
    CALL TEILE(V,NU,NO,K)
    CALL QSORTR(V,NU,K-1)
    CALL QSORTR(V,K+1,NO)
ENDIF
RETURN
END
```

So schön und bequem diese Formulierung auch ist - da FORTRAN rekursive Unterprogramm-Aufrufe ausdrücklich untersagt, ist sie unzulässig. Allerdings steht es dem Programmierer natürlich frei, rekursive Aufrufe zu simulieren.

Dazu ist es zunächst erforderlich, zu überlegen, was eigentlich bei einem rekursiven und einem (geschachtelten) nicht-rekursiven Unterprogramm-Aufruf so grundlegend verschieden ist, daß man zwischen beiden unterscheiden muß.

Wenn eine Programmeinheit A eine Programmeinheit B aufruft, dann muß man verlangen, daß nach der Ausführung von B und dem Rücksprung nach A alle Größen von A prinzipiell mit ihren bisherigen Werten wieder zur Verfügung stehen, oder, anders formuliert, B darf Größen von A nur dann verändern, wenn dies ausdrücklich (durch entsprechende Parameterlisten oder COMMON-Blöcke) vorgesehen wird.

Wenn A und B verschiedene Programmeinheiten sind, läßt sich diese Forderung sehr einfach dadurch erfüllen, daß der Compiler für jede der beiden Programmeinheiten separate Speicherbereiche bereitstellt. Bezeichnen A und B dagegen dieselbe Programmeinheit, handelt es sich also um einen rekursiven Aufruf, kann ein Compiler natürlich nicht von vornherein separate Speicherbereiche bereitstellen, sondern er muß dafür sorgen, daß vor einem rekursiven Aufruf die momentanen Werte in Hilfsspeichern sichergestellt, daß diese Werte nach dem Rücksprung wieder an ihre ursprünglichen Plätze zurückgebracht werden. Selbstverständlich brauchen nicht alle Größen eines Unterprogramms, das sich selbst aufruft, sichergestellt zu werden, sondern nur die, die im Zuge des rekursiven Aufrufs verändert werden.

Unter Berücksichtigung dieser Überlegungen kann ein FORTRAN-Programm, das das rekursive Unterprogramm simuliert, so lauten:

```
      SUBROUTINE QSORTQ(V,NUH,NOH)
      INTEGER V(1:NOH)
      COMMON /GRENZE/NU,NO,K
      NU=NUH
      NO=NOH
    1 IF (NU.LT.NO) THEN
         CALL TEILE(V,NU,NO,K)
         CALL QSORT1(NU,K-1,1,*1)
    2    CALL QSORT1(K+1,NO,2,*1)
      ENDIF
    3 CALL RETOUR(*2,*3)
      END

      SUBROUTINE QSORT1(NUH,NOH,I,*)
      PARAMETER (MATIEF=...)
      INTEGER TIEFE,KELLER(4,MATIEF)
      COMMON /GRENZE/NU,NO,K
      DATA TIEFE/1/
      IF (TIEFE.GT.MATIEF) STOP 'Kellerüberlauf'
      KELLER(1,TIEFE)=NU
      KELLER(2,TIEFE)=NO
      KELLER(3,TIEFE)=K
      KELLER(4,TIEFE)=I
      TIEFE=TIEFE+1
      NU=NUH
      NO=NOH
      RETURN 1
      ENTRY RETOUR(*,*)
      TIEFE=TIEFE-1
      IF (TIEFE.LE.0) THEN
         TIEFE=1
         RETURN
      ELSE
```

```
        NU=KELLER(1,TIEFE)
        NO=KELLER(2,TIEFE)
        K=KELLER(3,TIEFE)
        RETURN KELLER(4,TIEFE)
    ENDIF
    END
```

Was bei rekursiven Unterprogrammen der Rechner automatisch machen müßte, wird hier durch die Subroutinen QSORT1 und RETOUR simuliert:

(1) QSORT1 stelllt die veränderlichen Daten sicher, simuliert die Parameterübergabe, speichert eine Information über das zugehörige Rücksprungziel und führt schließlich den "rekursiven Aufruf" aus.

(2) RETOUR stellt den Zustand vor einem "rekursiven Aufruf" wieder her und entscheidet über das Ziel des "Rücksprungs".

Damit das Unterprogramm QSORTQ dem (unzulässigen) Unterprogramm QSORTR formal möglichst ähnlich blieb, wurde ein Verstoß gegen die Regeln für Sprünge bewußt in Kauf genommen: Die außergewöhnlichen Rücksprünge aus dem Unterprogramm RETOUR führen teilweise in den IF-Block hinein.

Dieser Verstoß läßt sich allerdings auf Kosten der Ähnlichkeit problemlos beheben, indem man die Block IF-Anweisung durch die logische IF-Anweisung

```
    IF (NU.GE.NO) GOTO 3
```

ersetzt und die ENDIF-Anweisung ersatzlos streicht. In der Praxis hat der Verstoß bei den zur Zeit eingesetzten Compilern ohnehin kaum eine Bedeutung, weil die Zulässigkeit von Sprüngen im allgemeinen nicht überprüft wird.

## 9.5    Kellerspeicher

Bei der Realisierung rekursiver Unterprogramme, sei es direkt durch
einen entsprechenden Compiler, oder sei es bei der Simulation in
FORTRAN, wird mit einem Kellerspeicher (stack) gearbeitet.

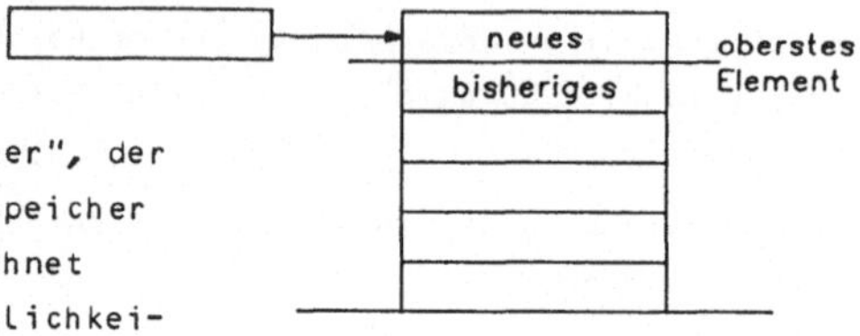

Der Begriff "Stapelspeicher", der
teilweise für die Kellerspeicher
verwendet wurde, kennzeichnet
recht anschaulich die Möglichkeiten, mit einem Kellerspeicher zu
arbeiten:

Bild 16: Kellern

(1) "Kellern": Auf das bisher

oberste Element eines Stapels
kann man ein Element hinauf-
legen. Dieses Element wird
neues oberstes Element.

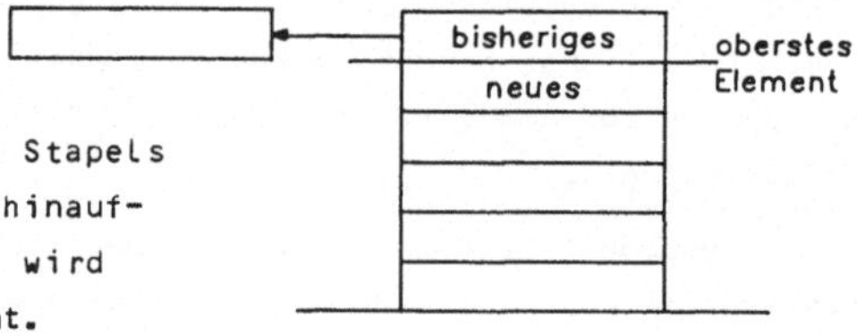

Bild 17: Entkellern

(2) "Entkellern": Von einem Stapel kann man das oberste Element herunternehmen. Dadurch
wird gleichzeitig das bisher zweitoberste Element neues oberstes Element.

(3) Man kann nachsehen, ob überhaupt ein Element auf dem Stapel
liegt.

Bei rekursiven Unterprogrammen besteht jedes Element des Kellerspeichers gerade aus der Gesamtheit der Werte, die im Zuge eines
rekursiven Aufrufs sichergestellt und später beim Rücksprung nachgeladen werden müssen.

Das Unterprogramm QSORT1 zeigt bereits die Simulation eines Kel-

lerspeichers in FORTRAN durch eine Matrix: Jede Spalte der Matrix
KELLER bildet ein Element des Kellerspeichers. (Falls die zu kel-
lernden Größen verschiedene Typen besitzen, müssen natürlich entsprechend als Keller mehrere Vektoren und/oder Matrizen vereinbart
werden.)

Bei rekursiven Unterprogrammen wird der Kellerspeicher zwangsläufig
sehr schematisch genutzt: Bei jedem rekursiven Aufruf werden die
veränderlichen Daten des Unterprogramms sowie das Rücksprungziel
gekellert; daß die gekellerten Daten nach dem zugehörigen Rücksprung möglicherweise überhaupt nicht mehr benötigt werden, kann
dabei nicht berücksichtigt werden.

Vermeiden läßt sich das nur durch entsprechende Modifikation des
Algorithmus: Auf Rekursion wird verzichtet; statt dessen wird ein
Kellerspeicher eingeführt, der direkt durch den Algorithmus verwaltet wird. Jetzt kann der Algorithmus natürlich so formuliert werden, daß in den Kellerspeicher nur noch die Daten geschrieben werden, die später noch benötigt werden.

Der in dieser Weise modifizierte Quicksort-Algorithmus lautet:

(1) Es wird NU:=1, NO:=N und "Keller leer" gesetzt.

(2) Wenn NU $\geq$ NO gilt, wird bei Schritt 5 fortgefahren.

(3) Es werden eine Zahl K (NU$\leq$K$\leq$NO) bestimmt und Werte in V ver-
    tauscht, so daß gilt
    - Der Wert, der zunächst in V(NU) stand, steht jetzt in V(K).
    - "Links" von V(K) (d.h. in V(NU),...,VN(K-1)) stehen, noch un-
      sortiert, Werte, die nicht größer als V(K) sind.
    - "Rechts" von V(K) (d.h. in V(K+1),...,V(NO)) stehen, noch un-
      sortiert, Werte, die nicht kleiner als V(K) sind.

(4) Zu sortieren sind die Teilfolge V(NU),...,V(K-1) und die Teil-
    folge V(K+1),...,V(NO). Anfangs- und Endindex der längeren
    Teilfolge werden gekellert, Anfangs- und Endindex der kürzeren
    Teilfolge in die Variablen NU und NO übertragen. Anschließend
    wird bei Schritt 2 fortgefahren.

(5) Falls "Keller leer" gilt, ist die Folge insgesamt sortiert,

bricht der Algorithmus ab. Sonst werden Anfangs- und Endindex
einer Teilfolge entkellert und der Algorithmus bei Schritt 2
fortgesetzt.

Die Einsparungen gegenüber dem rekursiv formulierten Algorithmus
sind beträchtlich: Beim rekursiven Algorithmus muß jedes Element
des Kellerspeichers vier Werte aufnehmen (NU, NO, K, Rücksprungziel), hier nur zwei (NU, NO). Wenn gesichert werden soll, daß die
Algorithmen N Zahlen sortieren, unabhängig von der ursprünglichen
Reihenfolge der Zahlen, muß der simulierte Kellerspeicher beim rekursiven Algorithmus N-1 Elemente tief sein, hier jedoch nur noch
$INT(\log_2 N)$ Elemente.

Realisiert wird der modifizierte Algorithmus durch das folgende Unterprogramm:

```
          SUBROUTINE QSORTK(V,N)
          PARAMETER (MATIEF=...)
          INTEGER V(1:N),T,NUK(1:MATIEF),NOK(1:MATIEF)
          T=0
          NU=1
          NO=N
        1 IF (NU.LT.NO) THEN
             CALL TEILE(V,NU,NO,K)
             T=T+1
             IF (T.GT.MATIEF) STOP 'Kellerüberlauf'
             IF (K-NU.LT.NO-K) THEN
                NUK(T)=K+1
                NOK(T)=NO
                NO=K-1
             ELSE
                NUK(T)=NU
                NOK(T)=K-1
                NU=K+1
             ENDIF
             GOTO 1
          ENDIF
          IF (T.GT.0) THEN
```

```
         NU=NUK(T)
         NO=NOK(T)
         T=T-1
         GOTO 1
      ENDIF
      END

      SUBROUTINE TEILE(V,NU,NO,K)
      INTEGER V(1:NO),H
      H=V(NU)
      NUH=NU+1
      NOH=NO
 1 DO 2, K=NOH,NUH,-1
      IF (V(K).LT.H) THEN
         V(NUH-1)=V(K)
         NOH=K-1
         GOTO 3
      ENDIF
 2 CONTINUE
      V(K)=H
      RETURN
 3 DO 4, K=NUH,NOH,+1
      IF (V(K).GT.H) THEN
         V(NOH+1)=V(K)
         NUH=K+1
         GOTO 1
      ENDIF
 4 CONTINUE
      V(K)=H
      END
```

Hier ist jetzt zusätzlich das Unterprogramm TEILE angegeben, das
den Schritt 3 des Quicksort-Algorithmus ausführt, sowohl im Falle
der rekursiven als auch im Falle der nicht-rekursiven Formulierung.

Anhang A: ASCII- und EBCDIC-Code

Die Tabelle gibt die druckbaren Zeichen des (128-Zeichen-)ASCII-
Code und des EBCDIC-Code an. Zu jedem Zeichen ist der Wert eingetragen, den die innere Standardfunktion ICHAR mit ihm als Parameter
liefert (siehe Anhang B.4). Für andere Codes, die in der Praxis
verwendet verwendet werden, wird auf die jeweiligen Benutzer-Hand-
bücher verwiesen.

Sowohl der (128-Zeichen-)ASCII-Code als auch der EBCDIC-Code enthalten neben den druckbaren Zeichen Steuerzeichen, die nicht druck-
bar sind; diese sind in die Tabelle nicht aufgenommen.

Ein Strich anstelle einer Zahl kennzeichnet, daß es dieses Zeichen
im jeweiligen Code nicht gibt.

Man beachte: Nicht jedes Ausgabegerät verfügt über den vollen
ASCII- bzw. EBCDIC-Zeichensatz. Außerdem werden teilweise bei Aus-
gabegeräten einzelne Sonderzeichen durch andere ersetzt, die im
eigentlichen Zeichensatz nicht enthalten sind.

| Zeichen | ASCII | EBCDIC | Zeichen | ASCII | EDCDIC |
|---|---|---|---|---|---|
| ƀ | 32 | 64 | / | 47 | 97 |
| ! | 33 | 90 | 0 | 48 | 240 |
| " | 34 | 127 | 1 | 49 | 241 |
| # | 35 | 123 | 2 | 50 | 242 |
| $ | 36 | 91 | 3 | 51 | 243 |
| % | 37 | 108 | 4 | 52 | 244 |
| & | 38 | 80 | 5 | 53 | 245 |
| '(Apostroph) | 39 | 125 | 6 | 54 | 246 |
| ( | 40 | 77 | 7 | 55 | 247 |
| ) | 41 | 93 | 8 | 56 | 248 |
| * | 42 | 92 | 9 | 57 | 249 |
| + | 43 | 78 | : | 58 | 122 |
| ,(Komma) | 44 | 107 | ; | 59 | 94 |
| -(Minus) | 45 | 96 | < | 60 | 76 |
| .(Punkt) | 46 | 75 | = | 61 | 126 |

| Zeichen | ASCII | EBCDIC | Zeichen | ASCII | EBCDIC |
|---|---|---|---|---|---|
| > | 62 | 110 | `(Akzent) | 96 | 121 |
| ? | 63 | 111 | a | 97 | 129 |
| @ | 64 | 124 | b | 98 | 130 |
| A | 65 | 193 | c | 99 | 131 |
| B | 66 | 194 | d | 100 | 132 |
| C | 67 | 195 | e | 101 | 133 |
| D | 68 | 196 | f | 102 | 134 |
| E | 69 | 197 | g | 103 | 135 |
| F | 70 | 198 | h | 104 | 136 |
| G | 71 | 199 | i | 105 | 137 |
| H | 72 | 200 | j | 106 | 145 |
| I | 73 | 201 | k | 107 | 146 |
| J | 74 | 209 | l | 108 | 147 |
| K | 75 | 210 | m | 109 | 148 |
| L | 76 | 211 | n | 110 | 149 |
| M | 77 | 212 | o | 111 | 150 |
| N | 78 | 213 | p | 112 | 151 |
| O | 79 | 214 | q | 113 | 152 |
| P | 80 | 215 | r | 114 | 153 |
| Q | 81 | 216 | s | 115 | 162 |
| R | 82 | 217 | t | 116 | 163 |
| S | 83 | 226 | u | 117 | 164 |
| T | 84 | 227 | v | 118 | 165 |
| U | 85 | 228 | w | 119 | 166 |
| V | 86 | 229 | x | 120 | 167 |
| W | 87 | 230 | y | 121 | 168 |
| X | 88 | 231 | z | 122 | 169 |
| Y | 89 | 232 | { | 123 | 192 |
| Z | 90 | 233 | I | 124 | 106 |
| [ | 91 | - | } | 125 | 208 |
| \ | 92 | 224 | ~ | 126 | 161 |
| ] | 93 | - | V(Log. Oder) | - | 79 |
| ^ | 94 | - | ¢ | - | 74 |
| _(Unter-streichung) | 95 | 109 | ¬(nicht) | - | 95 |

## Anhang B: Innere Standardfunktionen

### B.1  Funktionen_zur_Typumwandlung

Vorbemerkungen:

(1) Da sich die Typen der Funktionswerte unmittelbar aus der Bedeu-
    tung der Funktionen ergeben, sind sie in der Tabelle nicht be-
    sonders aufgeführt.

(2) Grundsätzlich muß der Wert eines Ausdrucks, der als Parameter
    angegeben wird, innerhalb des Zahlenbereiches liegen, der für
    den jeweiligen Funktionswert zur Verfügung steht.

(3) Die Namen aller Funktionen zur Typumwandlung dürfen nicht als
    aktuelle Parameter von Unterprogrammaufrufen verwendet werden.

|  | Anzahl der Parameter | Gattungs-name | Speziel-ler Name | Parame-tertyp |
|---|---|---|---|---|
| Umwandlung in INTEGER (1),(2),(6) | 1 | INT | - <br> INT <br> IFIX <br> IDINT <br> - | INTEGER <br> REAL <br> REAL <br> DOUBLE <br> COMPLEX |
| Umwandlung in REAL (3),(4),(6) | 1 | REAL | REAL <br> FLOAT <br> - <br> SNGL <br> - | INTEGER <br> INTEGER <br> REAL <br> DOUBLE <br> COMPLEX |
|  |  |  | AIMAG | COMPLEX |
| Umwandlung in DOUBLE PRECISION (2) | 1 | DBLE | - <br> - <br> - <br> - | INTEGER <br> REAL <br> DOUBLE <br> COMPLEX |
| Umwandlung in COMPLEX (4),(5) | 1 oder 2 | CMPLX | - <br> - <br> - <br> - | INTEGER <br> REAL <br> DOUBLE <br> COMPLEX |

Bemerkungen:

(1) Umwandlung in den Typ INTEGER besteht im Abschneiden der Stellen hinter dem Dezimalpunkt. Eine Rundung erfolgt dabei nicht (siehe auch Anhang B.2).
Die Funktionen mit den speziellen Namen INT und IFIX haben dieselbe Wirkung.

(2) Bei einem komplexen Parameter liefert die Funktion als Resultat den umgewandelten Realteil.

(3) Die Funktionen mit den speziellen Namen REAL und FLOAT haben dieselbe Wirkung.
Bei einem komplexen Parameter liefert REAL den Realteil und AIMAG den Imaginärteil als Funktionswert.

(4) Bei der Umwandlung kann Genauigkeit verloren gehen. Die maximale Stellenzahl von INTEGER-Größen ist i.a. größer als die Anzahl der signifikanten Stellen von REAL- bzw. COMPLEX-Größen; die Mantisse einer DOUBLE PRECISION-Größe besteht i.a. aus mehr Ziffern als die Mantisse einer REAL- bzw. COMPLEX-Größe.

(5) Falls die Funktion CMPLX mit einem Parameter aufgerufen wird, ergibt dessen Wert den Realteil des Funktionswertes; der Imaginärteil des Funktionswertes erhält den Wert Null.
Falls die Funktion CMPLX mit zwei Parametern aufgerufen wird, ergibt der Wert des ersten Parameters den Realteil und der Wert des zweiten Parameters den Imaginärteil des Funktionswertes; beide Parameter müssen hier denselben Typ besitzen.

(6) Die speziellen Namen IFIX, IDINT, FLOAT und SNGL wurden aus Gründen der Aufwärtskompatibilität in die Norm aufgenommen. Sie sollten beim Schreiben neuer Programme jedoch nicht mehr verwendet werden, da bei einer Überarbeitung der Norm mit ihrer Streichung gerechnet werden muß.

## B.2 Arithmetische_Funktionen

Vorbemerkung: Bei den Funktionen mit mehreren Parametern müssen alle Parameter denselben Typ besitzen. Bei den Funktionen, die einen anderen Typ als der (die) Parameter besitzen, ist in der Rubrik "Typ" erst der Parametertyp, danach der Funktionstyp angegeben.

| | Anzahl der Parameter | Gattungsname | Spezieller Name | Typ |
|---|---|---|---|---|
| Abschneiden hinter dem Dezimalpunkt | 1 | AINT | AINT<br>DINT | REAL<br>DOUBLE |
| Rundung (1) | 1 | ANINT | ANINT<br>DNINT | REAL<br>DOUBLE |
| | | NINT | NINT<br>IDNINT | REAL/INT<br>DOUBLE/INT |
| Absolutbetrag | 1 | ABS | IABS<br>ABS<br>DABS<br>CABS | INTEGER<br>REAL<br>DOUBLE<br>CMPLX/REAL |
| Divisionsrest (2) | 2 | MOD | MOD<br>AMOD<br>DMOD | INTEGER<br>REAL<br>DOUBLE |
| Vorzeichenübertragung (3) | 2 | SIGN | ISIGN<br>SIGN<br>DSIGN | INTEGER<br>REAL<br>DOUBLE |
| Positive Differenz (4) | 2 | DIM | IDIM<br>DIM<br>DDIM | INTEGER<br>REAL<br>DOUBLE |
| Maximum (5) | $\geq 2$ | MAX | MAX0<br>AMAX1<br>DMAX1 | INTEGER<br>REAL<br>DOUBLE |
| | | - | AMAX0<br>MAX1 | INT/REAL<br>REAL/INT |
| Minimum (5) | $\geq 2$ | MIN | MIN0<br>AMIN1<br>DMIN1 | INTEGER<br>REAL<br>DOUBLE |
| | | - | AMIN0<br>MIN1 | INT/REAL<br>REAL/INT |

|  | Anzahl der Parameter | Gattungs-name | Speziel-ler Name | Typ |
|---|---|---|---|---|
| Produkt (6) | 2 | - | DPROD | REAL/DOUBLE |
| Konjugiert Komplexe | 1 | - | CONJG | COMPLEX |
| Quadratwurzel (7) | 1 | SQRT | SQRT<br>DSQRT<br>CSQRT | REAL<br>DOUBLE<br>COMPLEX |

Bemerkungen:

(1) Resultat:   [A]NINT(a)=[A]INT(a+.5)    falls   $a \geq 0$

               [A]NINT(a)=[A]INT(a-.5)    falls   $a < 0$.

(2) Resultat:   MOD(a,b)=a-INT(a/b)*b      $(b \neq 0!)$

(3) Resultat:   SIGN(a,b)=|a|         falls   $b \geq 0$

               SIGN(a,b)=-|a|        falls   $b < 0$.

(4) Resultat:   DIM(a,b)=MAX(a-b,0)

(5) Die Funktionen dürfen nicht als aktuelle Parameter in Unterprogrammaufrufen verwendet werden.
Die Funktionen AMAX0, MAX1, AMIN0 und MIN1 sollten nicht mehr verwendet werden, da bei einer Überarbeitung der Norm mit ihrer Streichung gerechnet werden muß. Statt AMAX0(...) z.B. sollte man deshalb bereits jetzt REAL(MAX0(...)) schreiben.

(6) Bei der Multiplikation von zwei REAL-Größen wird das Resultat zunächst mit voller Genauigkeit ausgerechnet. Während bei Verwendung des Multiplikationsoperators * die überzähligen Stellen anschließend abgeschnitten bzw. gerundet werden, liefert die Funktion DPROD das Resultat in voller Länge.

(7) Bei einem reellen Parameter wird immer ein reeller Funktionswert geliefert; entsprechend müssen reelle Parameter immer nichtnegativ sein.
Bei einem komplexen Parameter wird der (komplexe) Hauptwert geliefert.

## B.3 Mathematische Funktionen

Vorbemerkung: Die Funktionswerte aller mathematischen Funktionen besitzen denselben Typ wie der bzw. die Parameter. Deshalb wird in der Tabelle jeweils nur pauschal der Typ angegeben.

| | Anzahl der Parameter | Gattungs-name | Speziel-ler Name | Typ |
|---|---|---|---|---|
| Exponentialfunk-tion: $e^x$ | 1 | EXP | EXP<br>DEXP<br>CEXP | REAL<br>DOUBLE<br>COMPLEX |
| Natürlicher Logarithmus: ln x (1) | 1 | LOG | ALOG<br>DLOG<br>CLOG | REAL<br>DOUBLE<br>COMPLEX |
| Dekadischer Loga-rithmus: lg x (1) | 1 | LOG10 | ALOG10<br>DLOG10 | REAL<br>DOUBLE |
| Sinus: sin x (2) | 1 | SIN | SIN<br>DSIN<br>CSIN | REAL<br>DOUBLE<br>COMPLEX |
| Kosinus: cos x (2) | 1 | COS | COS<br>DCOS<br>CCOS | REAL<br>DOUBLE<br>COMPLEX |
| Tangens: tan x (2) | 1 | TAN | TAN<br>DTAN | REAL<br>DOUBLE |
| Arkussinus: arcsin x (2),(3) | 1 | ASIN | ASIN<br>DASIN | REAL<br>DOUBLE |
| Arkuskosinus: arccos x (2),(3) | 1 | ACOS | ACOS<br>DACOS | REAL<br>DOUBLE |
| Arkustangens: arctan x (2),(4) | 1 | ATAN | ATAN<br>DATAN | REAL<br>DOUBLE |
| Arkustangens: arctan x/y (2),(5) | 2 | ATAN2 | ATAN2<br>DATAN2 | REAL<br>DOUBLE |
| Hyperbelsinus: Sinh x | 1 | SINH | SINH<br>DSINH | REAL<br>DOUBLE |
| Hyperbelkosinus: Cosh x | 1 | COSH | COSH<br>DCOSH | REAL<br>DOUBLE |
| Hyperbeltangens: Tanh x | 1 | TANH | TANH<br>DTANH | REAL<br>DOUBLE |

Bemerkungen:

(1) Reelle Parameter müssen positive Werte und komplexe Parameter
    Werte ungleich Null besitzen.
    Für den Imaginärteil i eines komplexen Resultats gilt
    $$-\pi < i \leq \pi$$

(2) Als Parameter der trigonometrischen Funktionen müssen Werte im
    Bogenmaß angegeben werden. Die Umkehrfunktionen liefern Werte
    im Bogenmaß.

(3) Für den Parameter x muß gelten $|x| \leq 1$. Für die Funktionswerte
    gilt
    $$-\pi/2 \leq ASIN(x) \leq \pi/2$$
    $$0 \leq ACOS(x) \leq \pi$$

(4) Für den Funktionswert gilt
    $$-\pi/2 \leq ATAN(x) \leq \pi/2$$

(5) Für den Funktionswert gilt generell
    $$-\pi < ATAN(x,y) \leq \pi$$

    Im einzelnen:

    $$
    \begin{array}{lll}
    ATAN(x,y) < 0 & \text{im Fall} & x < 0 \\
    = -\pi/2 & \text{im Fall} & x < 0 ,\ y = 0 \\
    = 0 & \text{im Fall} & x = 0 ,\ y > 0 \\
    = \pi & \text{im Fall} & x = 0 ,\ y < 0 \\
    > 0 & \text{im Fall} & x > 0 \\
    = \pi/2 & \text{im Fall} & x > 0 ,\ y = 0
    \end{array}
    $$

Beide Parameter dürfen nicht gleichzeitig den Wert Null besitzen; ihr Typ muß übereinstimmen.

## B.4  Funktionen zur Textverarbeitung

Vorbemerkung: Für die Funktionen zur Textverarbeitung gibt es keine Gattungsnamen. Die angegebenen Namen sind also sämtlich spezielle Namen.

| | Anzahl der Parameter | Name | Parametertyp | Funktionswert |
|---|---|---|---|---|
| Position eines Zeichens in der Sortierfolge (1) | 1 | ICHAR | CHAR*1 | INTEGER |
| Zeichen an einer Position in der Sortierfolge (1) | 1 | CHAR | INTEGER | CHAR*1 |
| Länge eines Textausdrucks (2) | 1 | LEN | CHAR*(*) | INTEGER |
| Index eines Textes (3) | 2 | INDEX | CHAR*(*) | INTEGER |
| Vergleich von Texten (4) | 2 | LGE<br>LGT<br>LLE<br>LLT | CHAR*(*)<br>CHAR*(*)<br>CHAR*(*)<br>CHAR*(*) | LOGICAL<br>LOGICAL<br>LOGICAL<br>LOGICAL |

Bemerkungen:

(1) ICHAR liefert zu einem Textausdruck mit der Länge 1 die Position des Zeichens in der Sortierfolge des Rechners. Man beachte: In der Sortierfolge beginnt die Numerierung mit Null und endet mit n-1, wenn der verwendete Code n Zeichen umfaßt.
Umgekehrt liefert CHAR zu einem INTEGER-Wert als Parameter das Zeichen, das an der entsprechenden Stelle in der Sortierfolge des Rechners steht. Zulässig sind als Parameter nur Werte $i$ mit $0 \leq i \leq n-1$, wo n die Anzahl der Zeichen des verwendeten Code ist.

Beide Funktionen sind nicht auf druckbare Zeichen beschränkt; bei der Anzahl der Zeichen eines Code sind in jedem Fall die (nicht druckbaren) Steuerzeichen mitzuzählen.

Beide Funktionen dürfen nicht als aktuelle Parameter im Aufruf von Unterprogrammen verwendet werden.

(2) Textvariablen, Elemente von Textfeldern und Teilketten können
    auch dann als Parameter angegeben werden, wenn ihnen noch kein
    Wert zugewiesen ist.
    Das Resultat von LEN(c) ist die Summe der Längen, mit denen die
    Operanden von c vereinbart sind. (Beispiel siehe 5.2.5)

(3) INDEX(c,d) liefert den Wert n, wenn an der Zeichenposition n in
    c eine Teilkette beginnt, die mit d übereinstimmt. Bei mehreren
    Übereinstimmungen wird die Position der (von links) ersten ge-
    liefert; das Resultat ist Null, wenn d nicht als Teilkette in c
    vorkommt, also insbesondere dann, wenn d länger ist als c.

    Beispiele: Es gilt

        INDEX('ABCABC','BC')=2
        INDEX('BC','ABCABC')=0
        INDEX('ABCABC','BD')=0

(4) Die Vergleichsfunktionen liefern den Wert "wahr", wenn ihre
    Parameter den folgenden Relationen genügen:

        LGE(c,d) :        $c \geq d$
        LGT(c,d) :        $c > d$
        LLE(c,d) :        $c \leq d$
        LLT(c,d) :        $c < d$

Alle vier Funktionen arbeiten auf der Basis der Sortierfolge
des ASCII-Code. Ihr Resultat ist undefiniert, wenn einer der
beiden Parameter ein Zeichen umfaßt, das im ASCII-Code nicht
enthalten ist (siehe auch 5.2.3).
Alle vier Funktionen dürfen nicht als Parameter im Aufruf von
Unterprogrammen verwendet werden.

Anhang C: Steuerparameter der Ein-/Ausgabeanweisungen

## C.1  Parameter der READ- und WRITE-Anweisung

| Parameter | Typ | Bedeutung, Wert, Bemerkungen | |
|---|---|---|---|
| END | Marke | Sprungziel bei Erreichen des Dateiendes (nur bei READ, optional) | |
| ERR | Marke | Sprungziel bei einem Fehler (optional) | |
| FMT | | Anweisungsnummer einer Formatanweisung | muß und darf nur bei forma- tierten Über- tragungen an- gegeben werden |
| | CHARACTER | Format | |
| | | * als Kennzeichen für listen- gesteuerte Umwandlung | |
| IOSTAT | INTEGER | Operationsstatus (Ausgabe, optional) | |
| REC | INTEGER | Satznummer (muß und darf nur für direkte Dateien angegeben werden) | |
| UNIT | INTEGER | Nummer einer externen Datei | muß immer ange- geben werden |
| | | * als Kennzeichen für die Standard-Datei | |
| | CHARACTER | Name einer internen Datei | |

Bemerkung: Bei der Kurzform der READ-Anweisung sowie bei der PRINT- und PUNCH-Anweisung darf und muß nur der Format-Parameter ohne das Schlüsselwort FMT= angegeben werden.

## C.2  Parameter der OPEN-Anweisung

| Parameter | Typ | Bedeutung, Wert, Bemerkungen |
|---|---|---|
| ACCESS | CHARACTER | Zugriff: 'SEQUENTIAL' (default) oder 'DIRECT' |
| BLANK | CHARACTER | Interpretation von Leerzeichen in numerischen Eingabefeldern: 'NULL' (default) oder 'ZERO' (nur für formatierte Dateien bei formatgesteuerter Eingabe) |
| ERR | Marke | Sprungziel bei einem Fehler (optional) |
| FILE | CHARACTER | Dateiname (nicht für temporäre Dateien) |
| FORM | CHARACTER | Art der Datei: 'FORMATTED' (default für sequentielle Dateien) oder 'UNFORMATTED' (default für direkte Dateien) |
| IOSTAT | INTEGER | Operationsstatus (Ausgabe, optional) |
| RECL | INTEGER | Satzlänge (muß und darf nur für direkte Dateien angegeben werden) |
| STATUS | CHARACTER | Status der Datei: 'OLD', 'NEW', 'SCRATCH' oder 'UNKNOWN' (default) |
| UNIT | INTEGER | Dateinummer (muß immer angegeben werden) |

## C.3  Parameter der CLOSE-Anweisung

| Parameter | Typ | Bedeutung, Wert, Bemerkungen |
|---|---|---|
| ERR | Marke | Sprungziel bei einem Fehler (optional) |
| IOSTAT | INTEGER | Operationsstatus (Ausgabe, optional) |
| STATUS | CHARACTER | Weiterer Verbleib der Datei: 'DELETE' (default für SCRATCH-Dateien) oder 'KEEP' (default sonst, unzulässig für SCRATCH-Dateien) |
| UNIT | INTEGER | Dateinummer (muß immer angegeben werden) |

## C.4  Parameter der BACKSPACE-, ENDFILE- und REWIND-Anweisung

| Parameter | Typ | Bedeutung, Wert, Bemerkungen |
| --- | --- | --- |
| ERR | Marke | Sprungziel bei einem Fehler (optional) |
| IOSTAT | INTEGER | Operationsstatus (Ausgabe, optional) |
| UNIT | INTEGER | Dateinummer (muß immer angegeben werden) |

Bemerkung: Bei den Kurzformen der Anweisungen darf und muß nur die
Dateinummer ohne das Schlüsselwort UNIT= angegeben werden.

## C.5  Parameter der INQUIRE-Anweisung

| Parameter | Typ | Bedeutung, Wert, Bemerkungen | |
| --- | --- | --- | --- |
| ERR | Marke | Sprungziel bei einem Fehler (optional) | |
| FILE | CHARACTER | Dateiname (INQUIRE by file) | Es muß genau einer der beiden Parameter angegeben werden |
| UNIT | INTEGER | Dateinummer (INQUIRE by unit) | |

Bemerkung: Alle weiteren Parameter sind Ausgabeparameter, d.h. die
Operation schreibt in die Variablen, die rechts vom Gleichheitszei-
chen genannt sind. Alle diese Parameter sind außerdem optional.

| Parameter | Typ | Bedeutung, Wert, Bemerkungen |
|---|---|---|
| ACCESS | CHARACTER | Zugriff: 'SEQUENTIAL' oder 'DIRECT' (falls OPENED=.TRUE.), sonst undefiniert |
| BLANK | CHARACTER | Interpretation von Leerzeichen in numerischen Eingabefeldern: 'NULL' oder 'ZERO' (falls FORM='FORMATTED'), sonst undefiniert |
| DIRECT | CHARACTER | Die Datei ist direkt: 'YES', 'NO' oder 'UNKNOWN' |
| EXIST | LOGICAL | .TRUE., falls die Dateinummer zulässig ist (INQUIRE by unit) bzw. die genannte Datei existiert (INQUIRE by file), sonst .FALSE. |
| FORM | CHARACTER | Formatierung: 'FORMATTED' oder 'UNFORMATTED' (falls OPENED=.TRUE.), sonst undefiniert |
| FORMATTED | CHARACTER | Die Datei ist formatiert: 'YES', 'NO' oder 'UNKNOWN' |
| IOSTAT | INTEGER | Operationsstatus |
| NAME | CHARACTER | Name der Datei (falls NAMED=.TRUE.), sonst undefiniert |
| NAMED | LOGICAL | .TRUE., falls die Datei benannt ist, sonst .FALSE. |
| NEXTREC | INTEGER | Nummer des nächsten Satzes (falls ACCESS='DIRECT'), sonst undefiniert |
| NUMBER | INTEGER | Nummer der Datei (falls OPENED=.TRUE.), sonst undefiniert |
| OPENED | LOGICAL | .TRUE., falls der Dateinummer eine Datei (INQUIRE by unit) oder der Datei eine Dateinummer (INQUIRE by file) zugeordnet ist, sonst .FALSE. |
| RECL | INTEGER | Satzlänge (falls ACCESS='DIRECT'), sonst undefiniert |
| SEQUENTIAL | CHARACTER | Die Datei ist sequentiell: 'YES', 'NO' oder 'UNKNOWN' |
| UNFORMATTED | CHARACTER | Die Datei ist unformatiert: 'YES', 'NO' oder 'UNKNOWN' |

## Anhang D: Formatbeschreiber

### D.1 Daten-Formatbeschreiber (Eingabe)

| Beschreiber | Wirkung |
|---|---|
| Aw | Lesen von Texten: w (>0) Zeichen werden gelesen<br><br>$w \leq l$ : Speicherung linksbündig, Auffüllen mit Leerzeichen<br>$w > l$ : nur die letzten l Zeichen werden gespeichert<br><br>(l = Länge des Elements der Eingabeliste) |
| A | Lesen von Texten: wie Aw mit w=l<br><br>(l = Länge des Elements der Eingabeliste) |
| Dw.d<br>Ew.d<br>Ew.dEe<br>Fw.d<br>Gw.d<br>Gw.dEe | Lesen von Gleitkommazahlen: w (>0) Zeichen werden gelesen. Falls das Eingabefeld keinen Dezimalpunkt enthält, werden die letzten d ($\geq$0) Zeichen vor dem Beginn des Exponententeiles als Stellen hinter dem Dezimalpunkt interpretiert.<br>Alle 6 Beschreiber sind gleichwertig. Eine Angabe Ee (e>0) bleibt ohne Wirkung. |
| Iw<br>Iw.m | Lesen von INTEGER-Zahlen: w (>0) Zeichen werden gelesen. Beide Beschreiber sind gleichwertig.<br>Die Angabe m ($\geq$0) bleibt ohne Wirkung. |
| Lw | Lesen logischer Werte: w (>0) Zeichen werden gelesen<br><br>Im Eingabefeld muß der Buchstabe T ("wahr") oder F ("falsch") enthalten sein. |

### D.2 Daten-Formatbeschreiber (Ausgabe)

| Beschreiber | Wirkung |
|---|---|
| Aw | Schreiben von Texten: w (>0) Zeichen werden geschrieben<br><br>$w \leq l$ : nur die ersten w Zeichen werden geschrieben<br>$w > l$ : die l Zeichen werden rechtsbündig geschrieben<br><br>(l = Länge des Elements der Ausgabeliste) |

| Beschreiber | Wirkung |
| --- | --- |
| A | Schreiben von Texten: wie Aw mit w=l<br><br>(l = Länge des Elements der Ausgabeliste) |
| Dw.d<br>Ew.d | Schreiben von Gleitkommazahlen: halblogarithmische Darstellung durch insgesamt w ($\geq$d+7) Zeichen mit d ($\geq$0) Mantissenstellen und einem Exponententeil aus 4 Zeichen. Der Exponententeil kann (anlagenabhängig) verschieden aufgebaut sein. |
| Ew.dEe | Schreiben von Gleitkommazahlen: halblogarithmische Darstellung durch insgesamt w ($\geq$d+e+5) Zeichen mit d ($\geq$0) Mantissenstellen und einem Exponententeil, der aus dem Kennbuchstaben E, einem Vorzeichen und e (>0) Ziffern besteht. |
| Fw.d | Schreiben von Gleitkommazahlen: Darstellung ohne Exponententeil durch insgesamt w (w$\geq$d+3) Zeichen mit d ($\geq$0) Stellen hinter dem Dezimalpunkt |
| Gw.d<br>Gw.dEe | Schreiben von Gleitkommazahlen:<br><br>Fall 1: Wirkung wie Ew.d bzw. Ew.dEe, falls $\|R\|$<0.1 oder $\|R\|\geq$10**d gilt<br><br>Fall 2: Sonst Darstellung ohne Exponententeil durch insgesamt w (w$\geq$d+7 bzw. w$\geq$d+e+2) Zeichen mit d($\geq$0) signifikanten Ziffern. Die letzten 4 bzw. e+2 (e>0) Positionen im Ausgabefeld enthalten Leerzeichen<br><br>(R = Ausgabewert) |
| Iw | Schreiben von INTEGER-Zahlen: Darstellung durch w (>0) Zeichen<br><br>Es wird mindestens eine Zifter geschrieben. Darüber hinaus werden führende Nullen durch Leerzeichen ersetzt. |
| Iw.m | Schreiben von INTEGER-Zahlen: Darstellung durch w ($\geq$max(m,1)) Zeichen<br><br>Es werden mindestens m ($\geq$0) Ziffern geschrieben. Darüber hinaus werden führende Nullen durch Leerzeichen ersetzt. |
| Lw | Schreiben von logischen Werten: Es werden w-1 Leerzeichen, danach der Buchstabe T ("wahr") bzw. F ("falsch") geschrieben |

## D.3 Steuer-Formatbeschreiber

| Beschreiber | Wirkung |
|---|---|
| BN | Leerzeichen in numerischen Eingabefeldern werden ignoriert (in Ausgabeformaten bedeutungslos) |
| BZ | Leerzeichen in numerischen Eingabefeldern werden als Nullen interpretiert (in Ausgabeformaten bedeutungslos) |
| $nHh_1h_2\ldots h_n$<br>$'h_1h_2\ldots h_n'$ | Die Zeichenfolge $h_1h_2\ldots h_n$ (n>0) wird in den Ausgabesatz übertragen (unzulässig in Eingabeformaten) |
| kP | Skalenfaktor für Gleitkommazahlen |
|  | Eingabe: Werte, die ohne Exponententeil dargestellt sind, werden mit 10**(-k) multipliziert. Werte, die mit Exponententeil dargestellt sind, bleiben unverändert. |
|  | Ausgabe: Bei halblogarithmischer Darstellung wird die Mantisse mit 10**k multipliziert, der Exponent um k verkleinert. Für Darstellungen ohne Exponententeil wirkungslos. |
| S | "Normale" Erzeugung von Vorzeichen für numerische Werte: Negative Werte erhalten immer ein Vorzeichen, positive Werte können (anlagenabhängig) ein Vorzeichen erhalten (in Eingabeformaten bedeutungslos) |
| SP | Alle numerischen Ausgabewerte erhalten ein Vorzeichen (in Eingabeformaten bedeutungslos) |
| SS | Nur negative numerische Ausgabewerte erhalten ein Vorzeichen (in Eingabeformaten bedeutungslos) |
| Tc | Positionierung auf das c-te (c>0) Zeichen im Satz |
| TLc | Positionierung im Satz um c (>0) Zeichen nach links |
| TRc<br>nX | Positionierung im Satz um c bzw. n (c,n>0) Zeichen nach rechts |
| / | Der Satz wird abgeschlossen, ein neuer begonnen |
| : | Die Ein-/Ausgabeoperation wird beendet, falls die Ein-/Ausgabeliste bereits vollständig abgearbeitet ist |

Anhang E: Restriktionen des Subset
------------------------------

Vorbemerkung: Die Einschränkungen, die zu beachten sind, wenn nur
der Subset und nicht der volle Sprachumfang zur Verfügung steht,
werden hier stichwortartig wiedergegeben. Das Fehlen eines einzelnen Sprachelements hat zumeist weitere Restriktionen für andere
Sprachelemente zur Folge; hierauf wird im einzelnen nicht besonders
hingewiesen.

(1) Formaler Aufbau des Programms

- Die Sonderzeichen $ und : stehen nicht zur Verfügung.

- Maximal 9 Fortsetzungszeilen sind zulässig.

- Kommentarzeilen dürfen nur vor der ersten Zeile einer Anweisung stehen; vor Fortsetzungszeilen sind sie nicht zugelassen.

- Die Reihenfolge der Anweisungen ist strenger festgelegt:

| Kommentare | | PROGRAM, FUNCTION, SUBROUTINE |
|---|---|---|
| | FORMAT | IMPLICIT |
| | | andere Spezifikationen |
| | | DATA |
| | | Anweisungsfunktionen |
| | | Ausführbare Anweisungen |
| END | | |

(2) Datentypen, Variablen, Felder

- Es gibt keine doppeltgenauen Größen.

- Es gibt keine komplexen Größen.

- Es gibt keine benannten Konstanten. Entsprechend entfällt die
  PARAMETER-Anweisung.

- Textvariablen und Textfelder dürfen nur mit konstanter Länge
  vereinbart werden; insbesondere ist die Längenangabe (*) un-

zulässig.

- Teilketten können nicht angesprochen werden.

- Felder dürfen höchstens drei Dimensionen besitzen.

- Dimensionsbeschreiber müssen die Form d2 haben, d.h. der
  kleinste Index in jeder Dimension ist immer 1.

(3) Ausdrücke

- Die logischen Operatoren .EQV. und .NEQV. fehlen.

- Der Konkatenationsoperator // entfällt.

- Feldelemente und Funktionsaufrufe dürfen nicht als Operanden
  von Index-Ausdrücken verwendet werden.

(4) Steuerung des Programmablaufs

- Als Wert i, der bei einer berechneten GOTO-Anweisung die Auswahl des Sprungziels steuert, muß eine INTEGER-Variable angegeben werden; Ausdrücke sind nicht zugelassen.

- Bei DO-Anweisungen müssen sowohl die Laufvariable als auch
  alle angegebenen Parameter den Typ INTEGER besitzen.

(5) Unterprogramme

- Jedes Unterprogramm besitzt genau einen Eingangspunkt, der
  durch den Namen des Unterprogramms bezeichnet wird; die
  ENTRY-Anweisung entfällt.

- Außergewöhnliche Rücksprünge sind nicht zugelassen. Damit
  entfallen Marken als Parameter.

- BLOCKDATA-Unterprogramme entfallen.

- Der Typ CHARACTER ist für alle Funktionen unzulässig, also
  sowohl für externe Funktionen als auch für Anweisungsfunktionen.

- Für die inneren Standardfunktionen existieren keine Gattungsnamen; ihre Anzahl ist stark eingeschränkt. Zur Verfügung
  stehen nur

| | | | | |
|---|---|---|---|---|
| ABS | AMOD | FLOAT | LLE | SIGN |
| ACOS | ANINT | IABS | LLT | SIN |
| AINT | ASIN | ICHAR | MAXO | SINH |
| ALOG | ATAN | IDIM | MAX1 | SQRT |
| ALOG10 | ATAN2 | IFIX | MINO | TAN |
| AMAXO | COS | INT | MIN1 | TANH |
| AMAX1 | COSH | ISIGN | MOD | |
| AMINO | DIM | LGE | NINT | |
| AMIN1 | EXP | LGT | REAL | |

- Bei den Vergleichsfunktionen für Texte müssen beide Parameter die gleiche Länge besitzen.

(6) Arbeiten mit Dateien, Formatierung

- Die PRINT-Anweisung und die Kurzform der READ-Anweisung entfallen.

- Ausgabelisten dürfen, wie Eingabelisten, keine Ausdrücke enthalten.

- Bei impliziten DO-Elementen müssen sowohl die Laufvariable als auch alle angegebenen Parameter den Typ INTEGER besitzen.

- Dateinummern dürfen nur in der Form u ohne das Schlüsselwort UNIT= angegeben werden; sie müssen immer an erster Stelle in der Liste der Steuerparameter stehen. u muß ein Stern oder eine INTEGER-Konstante sein.

- Formate dürfen nur in der Form f ohne das Schlüsselwort FMT= angegeben werden; sie müssen bei formatierter Ein-/Ausgabe an zweiter Stelle in der Liste der Steuerparameter stehen. f muß die Anweisungsnummer einer FORMAT-Anweisung oder eine Textkonstante (keine Textvariable) sein; listengesteuerte Umwandlung ist nicht zugelassen.

- Die Steuerparameter ERR=s und IOSTAT=ios entfallen.

- Im Parameter REC=rn muß rn eine Konstante oder Variable sein. Ausdrücke sind unzulässig.

- Dateinamen können nicht angegeben werden; der Steuerparameter FILE=fn entfällt. Zuordnungen zwischen benannten Dateien und

Dateinummern können aus dem Programm heraus nicht erfolgen.

- Direkte Dateien müssen unformatiert sein.

- Textfelder dürfen als Ganzes nicht als interne Dateien angesprochen werden. Interne Dateien bestehen damit immer aus genau einem Satz.

- Bei der OPEN-Anweisung stehen nur die drei Steuerparameter u, ACCESS='DIRECT' und RECL=rl zur Verfügung. Diese drei Parameter müssen immer angegeben werden; sequentielle Dateien können nicht explizit eröffnet werden.
Hierbei muß rl eine INTEGER-Konstante oder -Variable (kein Ausdruck) sein; die Dateinummer u darf bislang keiner anderen Datei zugeordnet sein.

- Die CLOSE-Anweisung entfällt. Dateien können also nur implizit durch die Beendigung des Programms abgeschlossen werden.

- Die INQUIRE-Anweisung entfällt.

- Die Anweisungen BACKSPACE, ENDFILE und REWIND stehen nur in der Kurzform zur Verfügung.

- Nicht zur Verfügung stehen die Formatbeschreiber $Iw.m$, $Dw.d$, $Gw.d$, $Gw.dEe$, T, TLc, TRc, :, S, SP und SS.

(7) Speicherorganisation

- Bei SAVE-Anweisungen dürfen nur Namen von COMMON-Blöcken angegeben werden, muß mindestens ein Name angegeben werden.

- Bei DATA-Anweisungen erfolgt keine Typumwandlung; Texte dürfen kürzer, nicht jedoch länger als die Textvariable bzw. als das Element eines Textfeldes sein, in das sie übertragen werden.

- Bei DATA-Anweisungen sind implizite DO-Elemente unzulässig.

- DATA-Anweisungen sind für Größen aus COMMON-Blöcken unzulässig.

- Durch EQUIVALENCE dürfen CHARACTER-Größen nur gleichgesetzt werden, wenn sie die gleiche Länge besitzen.

Anhang F: Syntaxdiagramme
----------------

Diese Syntaxdiagramme wurden bis auf geringfügige Änderungen aus
der Norm übernommen. Soweit es zweckmäßig war, wurden englisch-
sprachige Begriffe durch deutsche ersetzt.

Folgen von Kleinbuchstaben und eingebettete Unterstreichung (_) bezeichnen syntaktische Variablen. Folgen von Großbuchstaben und Sonderzeichen müssen aus den Syntaxdiagrammen in die FORTRAN-Programme
übernommen werden.

Die Syntaxdiagramme sind selbsterklärend: Die Linien sind wie Ei-
senbahngeleise zu durchlaufen, insbesondere gilt dies für Verzwei-
gungen.

Aus den Syntaxdiagrammen geht nicht hervor, ob eine Schleife eine
beschränkte Anzahl von Durchläufen hat oder eine bestimmte Anzahl
von Durchläufen haben muß. Diese Details sind dem Haupttext zu entnehmen.

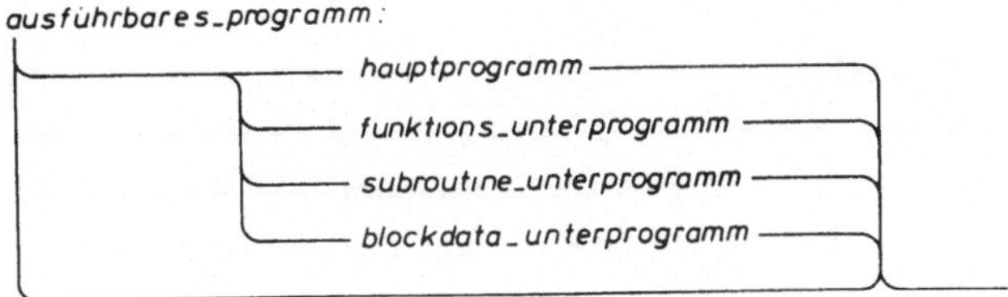


Ein ausführbares Programm muß genau ein Hauptprogramm enthalten.

Ein ausführbares Programm kann externe Prozeduren enthalten, die in
anderen Sprachen als FORTRAN geschrieben sind.

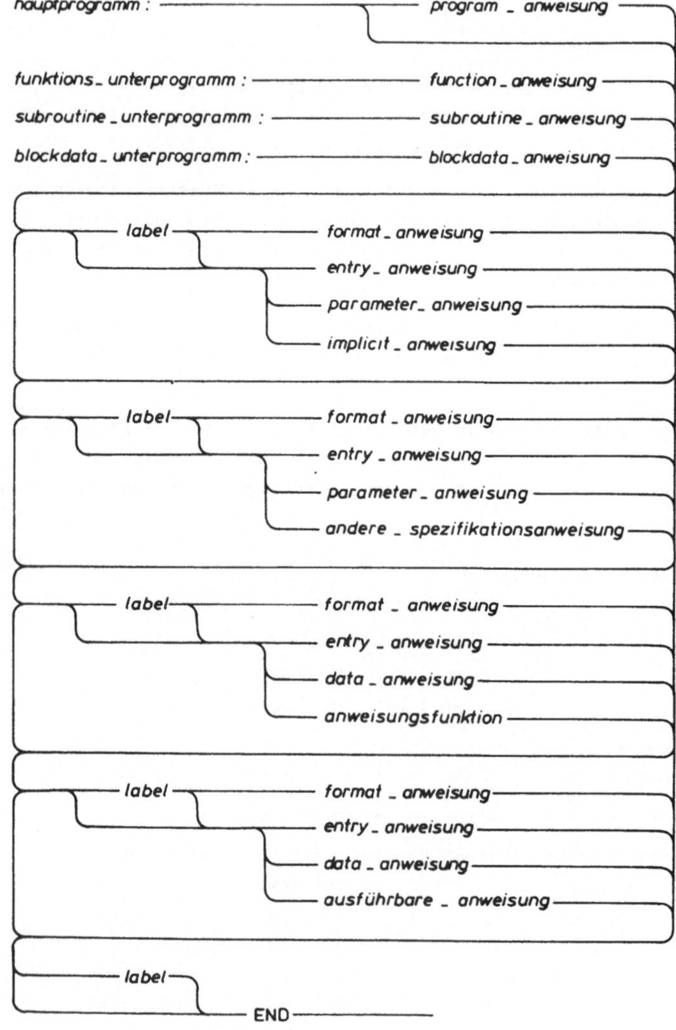
hauptprogramm :
program _ anweisung
funktions_ unterprogramm :
function _ anweisung
subroutine _ unterprogramm :
subroutine _ anweisung
blockdata _ unterprogramm :
blockdata _ anweisung
label
format _ anweisung
entry _ anweisung
parameter _ anweisung
implicit _ anweisung
label
format _ anweisung
entry _ anweisung
parameter _ anweisung
andere _ spezifikationsanweisung
label
format _ anweisung
entry _ anweisung
data _ anweisung
anweisungsfunktion
label
format _ anweisung
entry _ anweisung
data _ anweisung
ausführbare _ anweisung
label
END

Ein Hauptprogramm darf keine ENTRY- oder RETURN-Anweisung enthalten.

Ein Blockdata-Unterprogramm darf nur die BLOCKDATA-, IMPLICIT-, PARAMETER-, DIMENSION-, COMMON-, SAVE-, EQUIVALENCE-, DATA-, END- und Typanweisung enthalten.

Die Anweisung END kann als ausführbare Anweisung betrachtet werden.

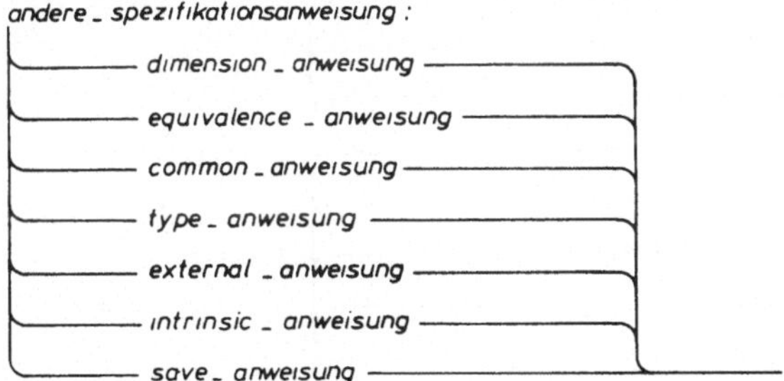

ausführbare _ anweisung :

- wertzuweisung
- goto _ anweisung
- arithmetisches _ if
- logisches _ if
- block _ if
- else _ if _ anweisung
- else _ anweisung
- end _ if _ anweisung
- do _ anweisung
- continue _ anweisung
- stop _ anweisung
- pause _ anweisung
- read _ anweisung
- write _ anweisung
- print _ anweisung
- rewind _ anweisung
- backspace _ anweisung
- endfile _ anweisung
- open _ anweisung
- close _ anweisung
- inquire _ anweisung
- call _ anweisung
- return _ anweisung

program_anweisung : ——— PROGRAM programmname ———

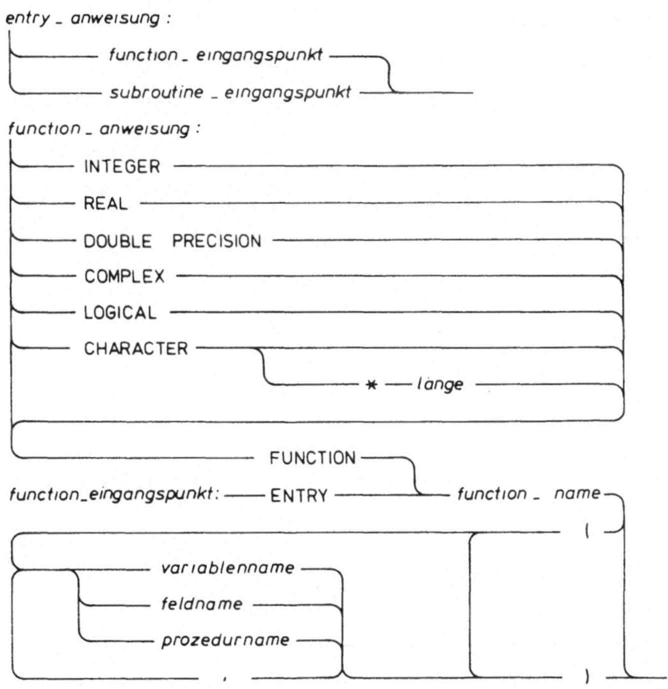



In einer FUNCTION-Anweisung darf das Klammerpaar nicht weggelassen
werden.

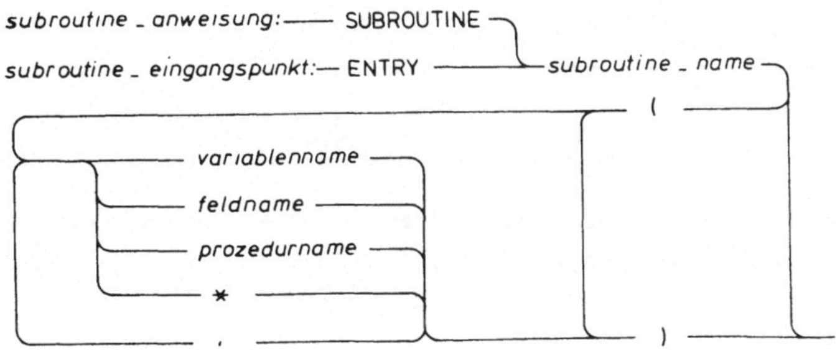

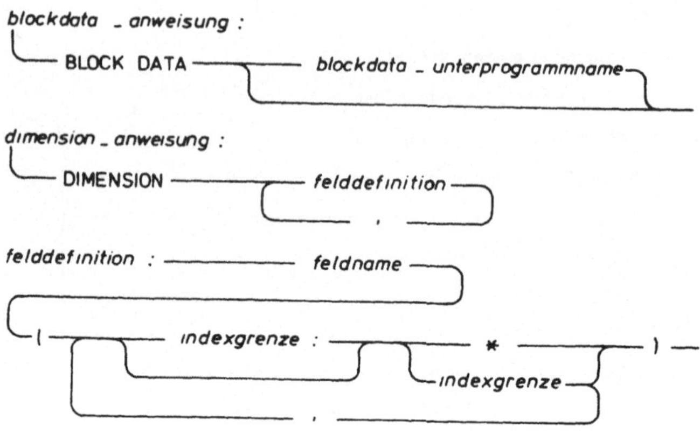



Ein Stern darf nur zur Definition eines formalen Feldes verwendet
werden.



Indizes von Feldelementen und Zeichenpositionen von Teilketten müssen konstante INTEGER-Ausdrücke sein.

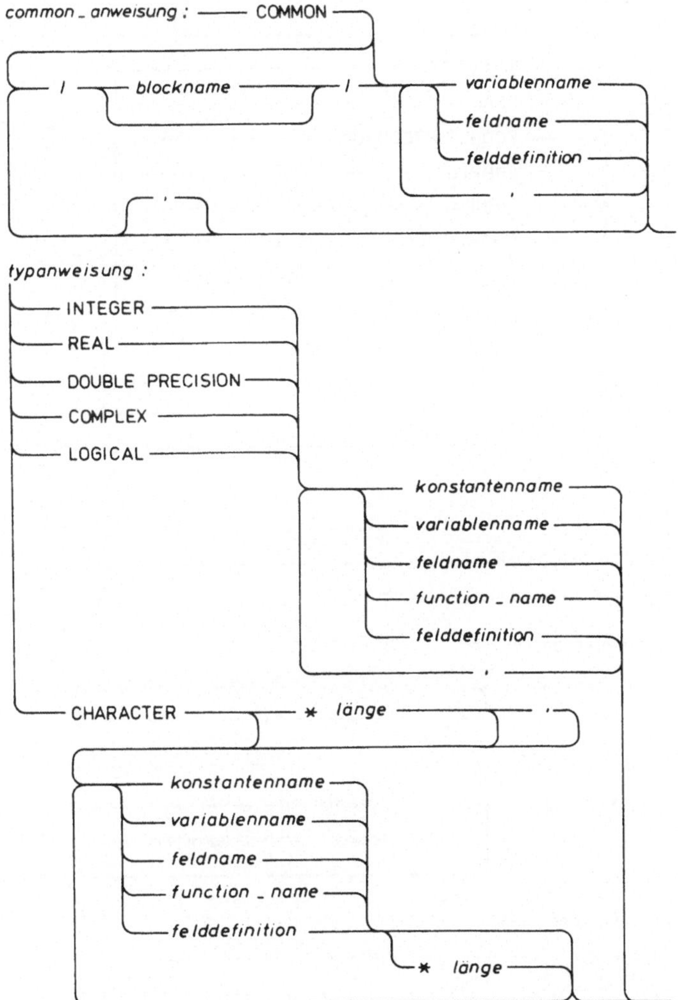

common _ anweisung : COMMON
/ blockname /
variablenname
feldname
felddefinition
,
,

typanweisung :
INTEGER
REAL
DOUBLE PRECISION
COMPLEX
LOGICAL
konstantenname
variablenname
feldname
function _ name
felddefinition
,
CHARACTER * länge ,
konstantenname
variablenname
feldname
function _ name
felddefinition
* länge

*implicit_anweisung :*   IMPLICIT

INTEGER
REAL
DOUBLE PRECISION
COMPLEX
LOGICAL
CHARACTER

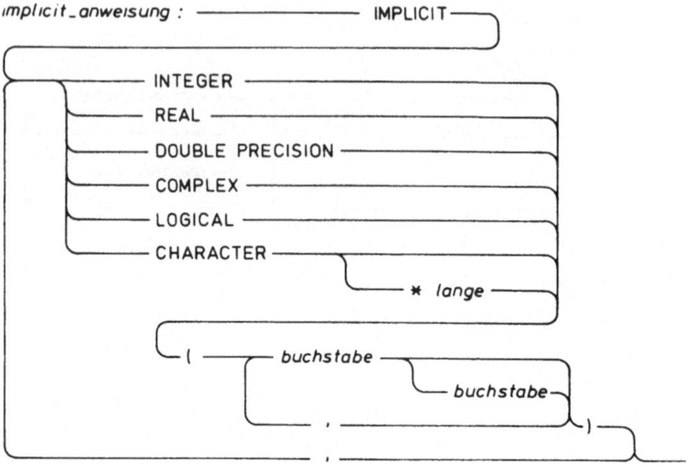

* *lange*

( *buchstabe*
*buchstabe*
)
,

*lange:*

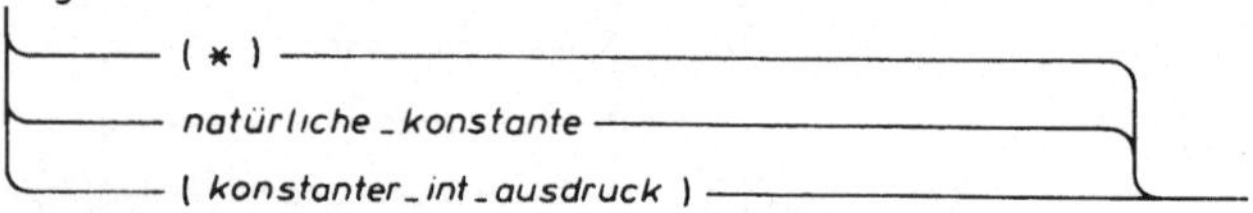

( * )
*natürliche_konstante*
( *konstanter_int_ausdruck* )

*parameter_anweisung :*

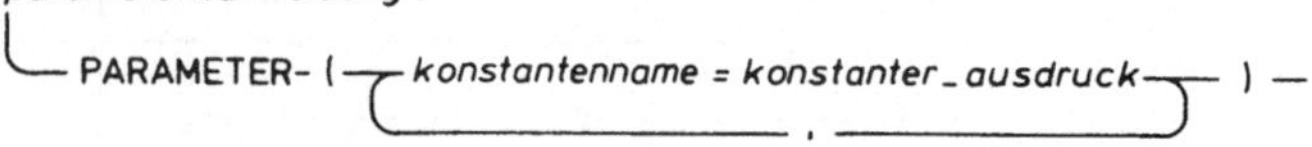

PARAMETER- ( *konstantenname = konstanter_ausdruck* ) —
,

*external_anweisung :*

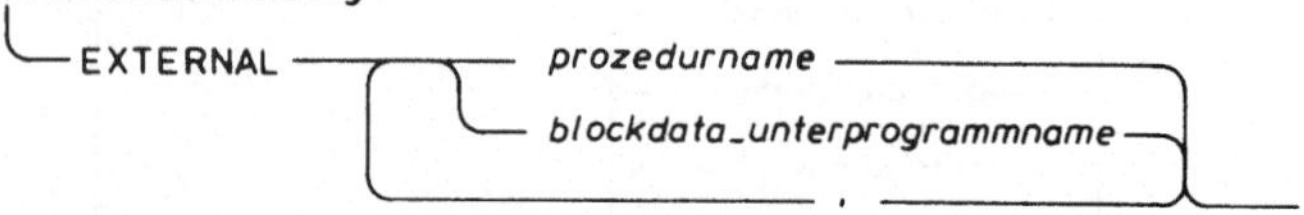

EXTERNAL
*prozedurname*
*blockdata_unterprogrammname*
,

*intrinsic_anweisung :*

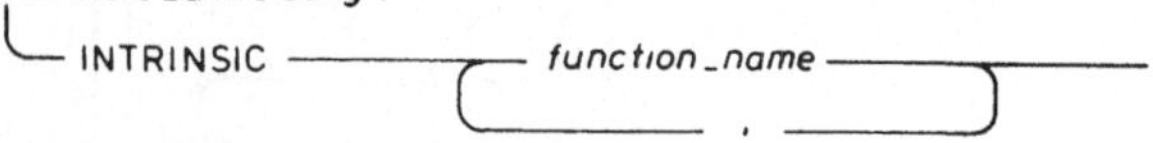

INTRINSIC
*function_name*
,

*save_anweisung :*

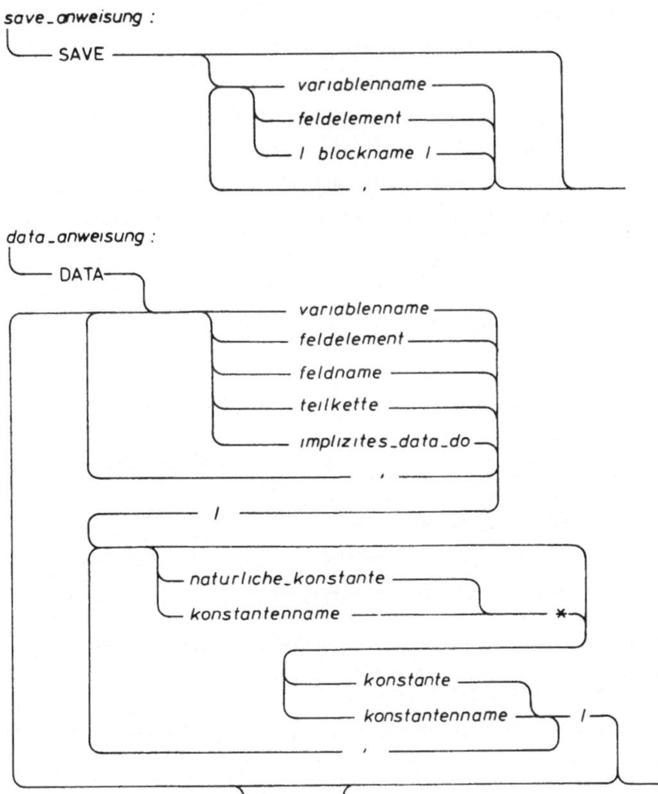


*data_anweisung :*

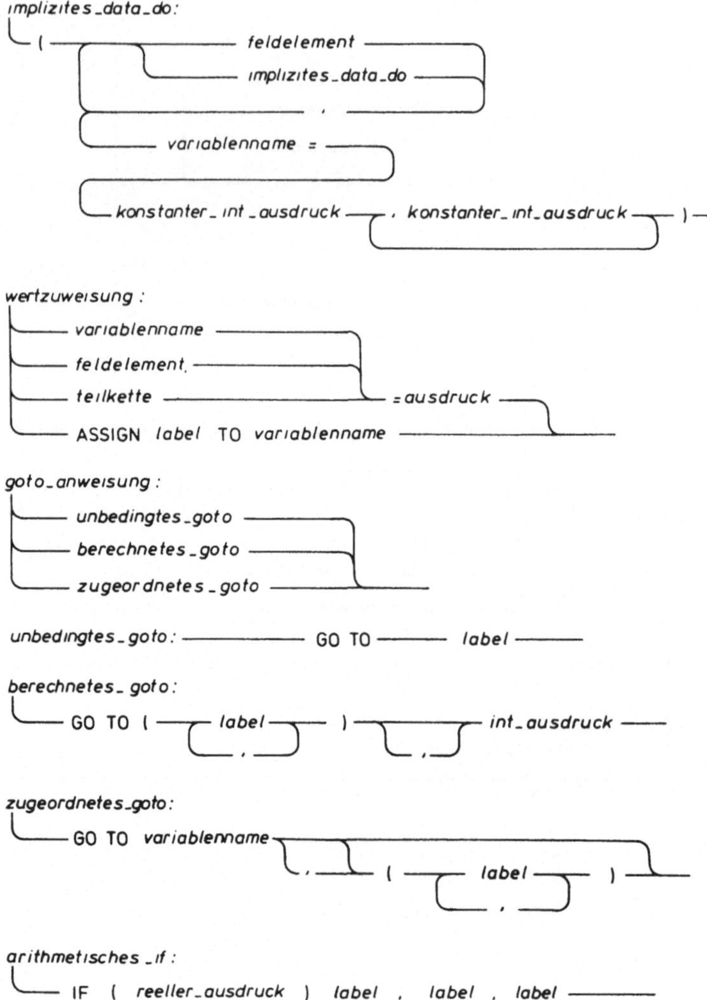


arithmetisches_if :

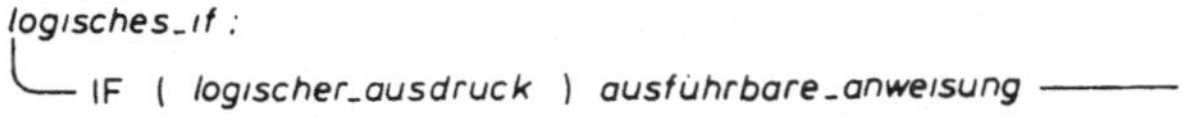

*logisches_if :*

└── IF ( *logischer_ausdruck* ) *ausführbare_anweisung* ─────

Die ausfürbare Anweisung eines logischen IF darf kein DO, Block IF, ELSEIF, ELSE, ENDIF, END oder ein anderes logisches IF sein.

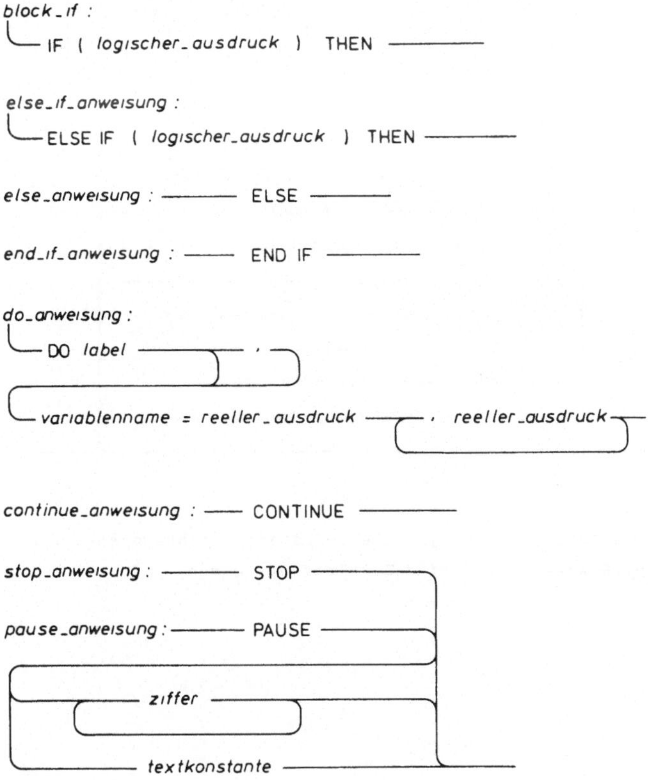

*block_if :*

└── IF ( *logischer_ausdruck* ) THEN ─────

*else_if_anweisung :*

└── ELSE IF ( *logischer_ausdruck* ) THEN ─────

*else_anweisung :* ───── ELSE ─────

*end_if_anweisung :* ───── END IF ─────

*do_anweisung :*

└── DO *label* ─────── , ───
─── *variablenname* = reeller_ausdruck ───── , reeller_ausdruck ───

*continue_anweisung :* ───── CONTINUE ─────

*stop_anweisung :* ───── STOP ───
*pause_anweisung :* ───── PAUSE ───
─── *ziffer* ───
─── *textkonstante* ───

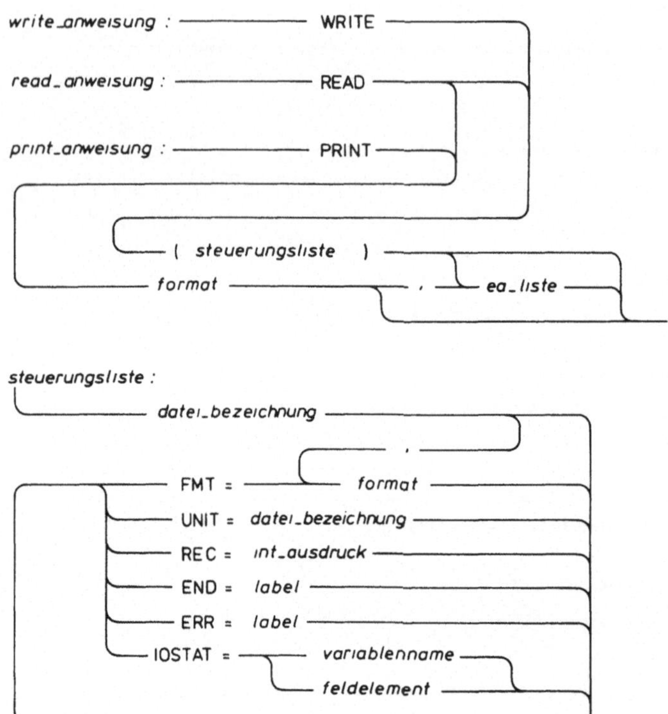


Eine Steuerungsliste muß genau eine Dateibezeichnung enthalten. In einer WRITE-Anweisung darf END= nicht vorkommen.

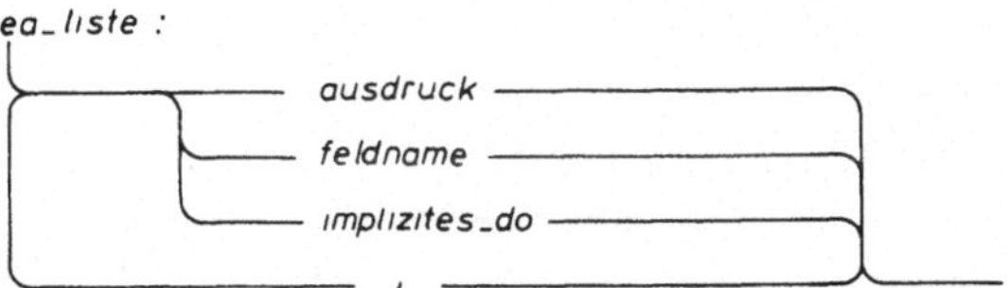



In einer READ-Anweisung muß ein Ausdruck einer Ein-/Ausgabeliste
eine Variable, ein Feldelement oder eine Teilkette sein.

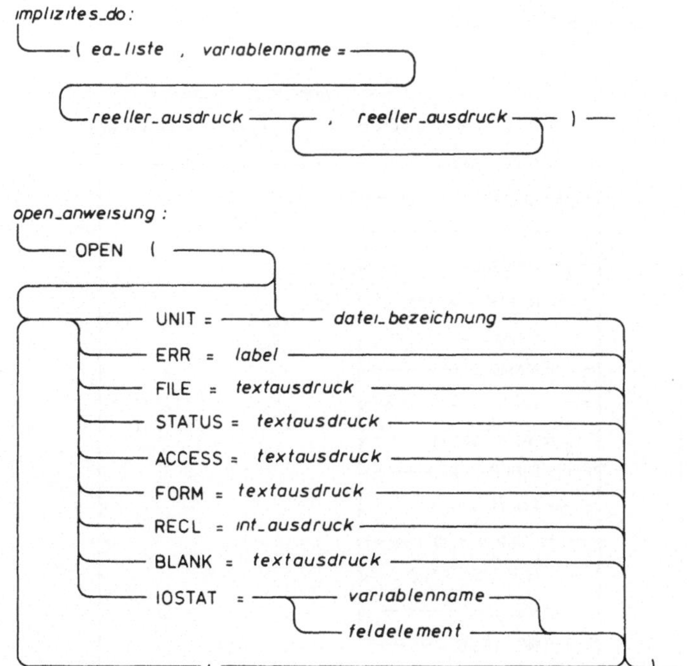

*close_anweisung :*

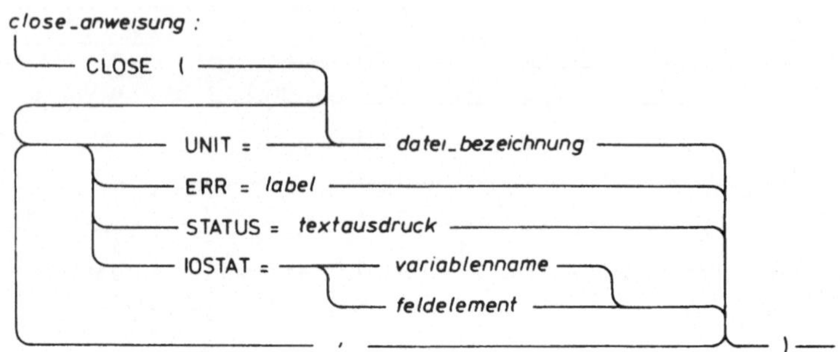


*inquire_anweisung:*

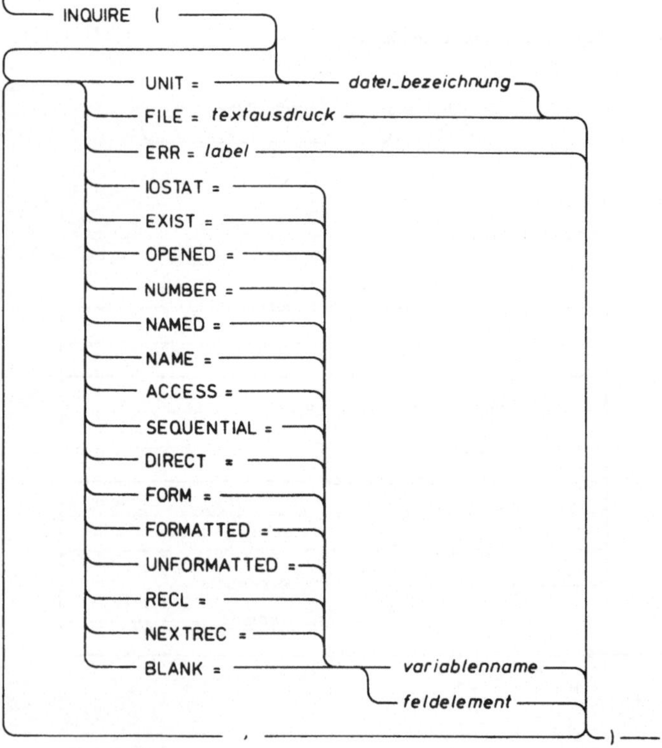

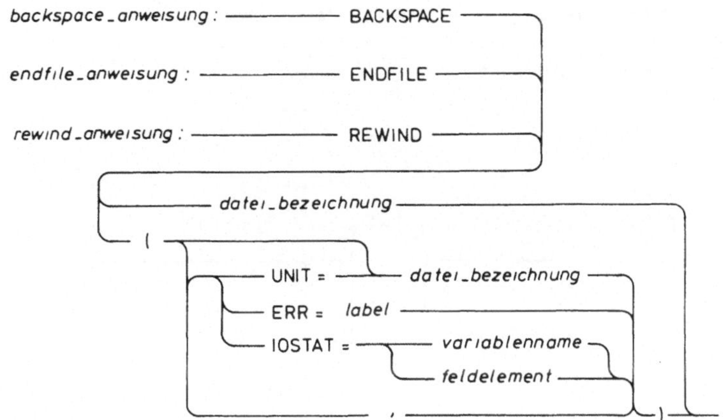

In BACKSPACE-, ENDFILE- und REWIND-Anweisungen muß genau eine Dateibezeichnung enthalten sein.

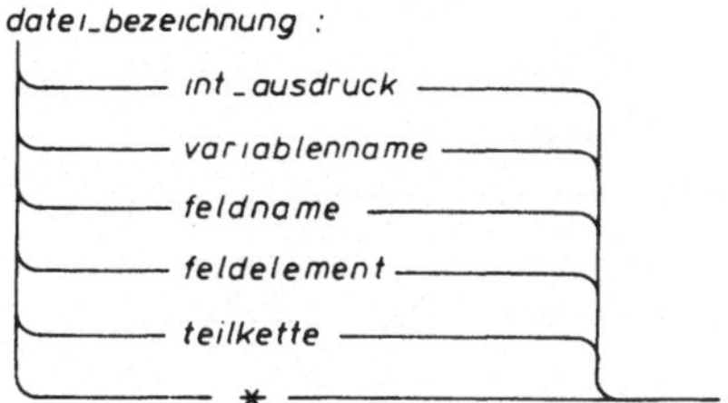

Eine Dateibezeichnung, die kein Stern ist, muß den Typ INTEGER oder CHARACTER besitzen.

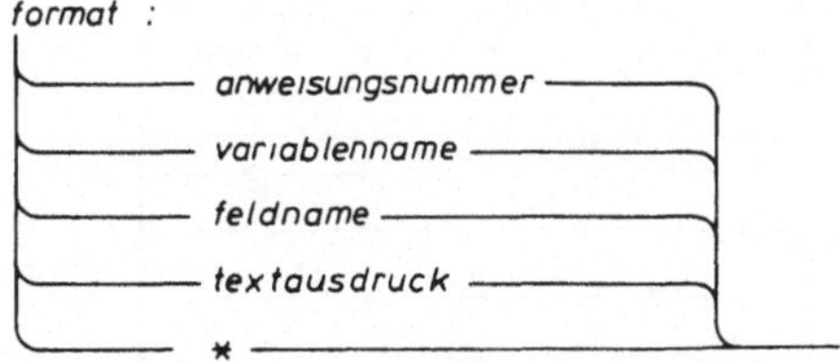

Ein Format, das eine Variable oder ein Feld ist, muß vom Typ INTEGER oder CHARACTER sein.

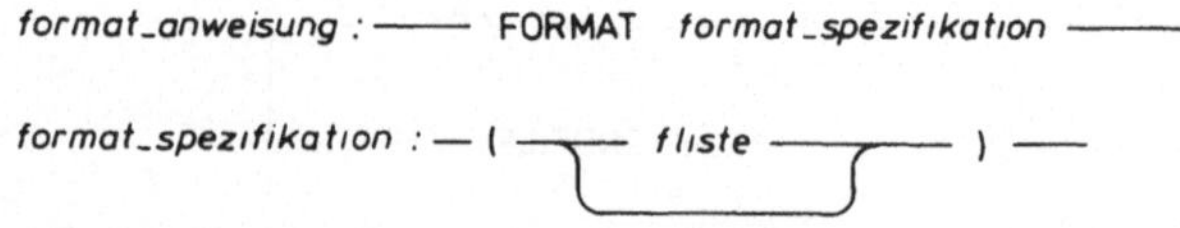

format_anweisung : FORMAT format_spezifikation
format_spezifikation : ( fliste )
fliste : 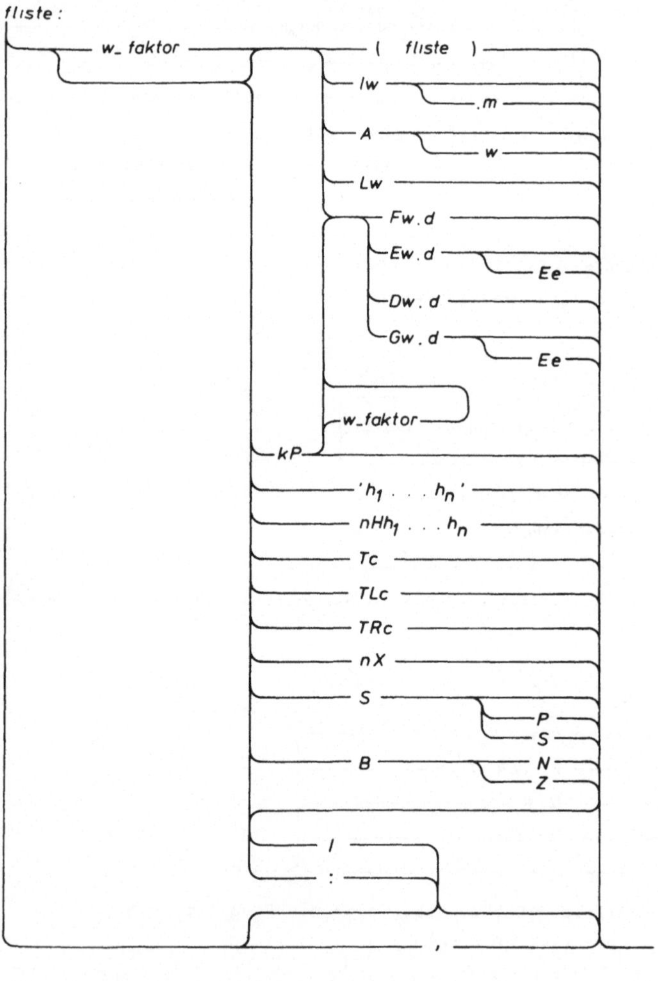
w_faktor
( fliste )
Iw
.m
A
w
Lw
Fw.d
Ew.d
Ee
Dw.d
Gw.d
Ee
w_faktor
kP
'h_1 ... h_n'
nHh_1 ... h_n
Tc
TLc
TRc
nX
S
P
S
B
N
Z
/
:
,

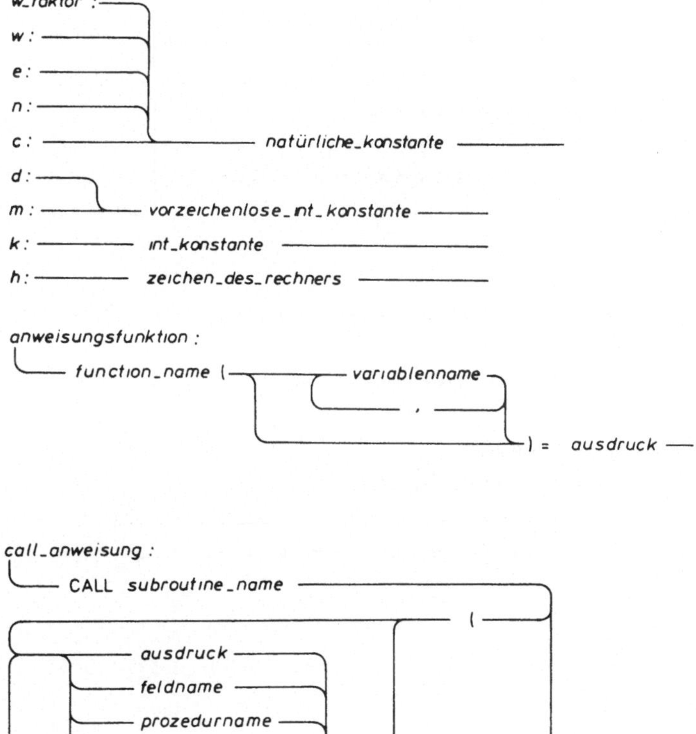



Ein außergewöhnlicher Rücksprung ist in einer Funktion nicht zugelassen.

*funktionsaufruf :*

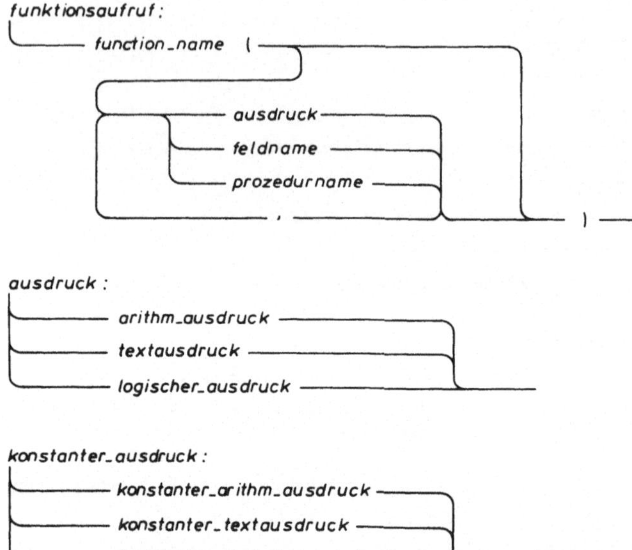


*ausdruck :*



*konstanter_ausdruck :*

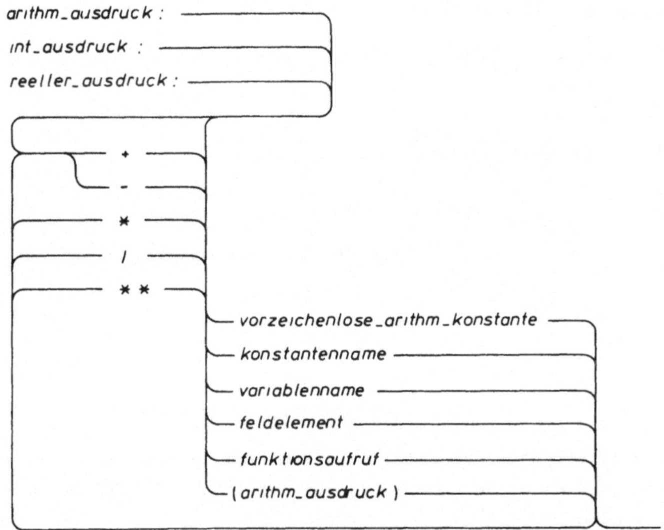



Jeder Operand in einem arthmetischen Ausdruck muß von einem arithmetischen Typ sein; außerdem darf ein Operand vom Typ COMPLEX nicht mit einem Operanden vom Typ DOUBLE PRECISION verknüpft werden.

Ein INTEGER-Ausdruck ist ein arthmetischer Ausdruck vom Typ INTEGER.

Ein reeller Ausdruck ist ein arithmetischer Ausdruck von einem der Typen INTEGER, REAL oder DOUBLE PRECISION.

*konstanter_arithm_ausdruck :*

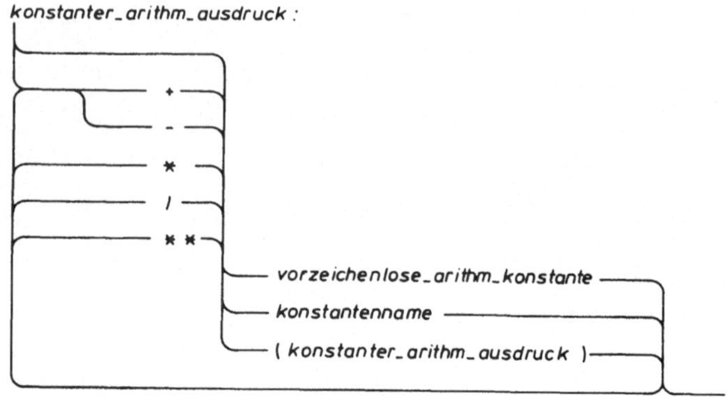


Jeder Operand in einem konstanten arithmetischen Ausdruck muß von einem arithmetischen Typ sein; außerdem darf ein Operand vom Typ COMPLEX nicht mit einem Operanden vom Typ DOUBLE PRECISION verknüpft werden.

Der Operand rechts neben dem Exponentiationsoperator ** muß vom Typ INTEGER sein.

*konstanter_int_ausdruck :*

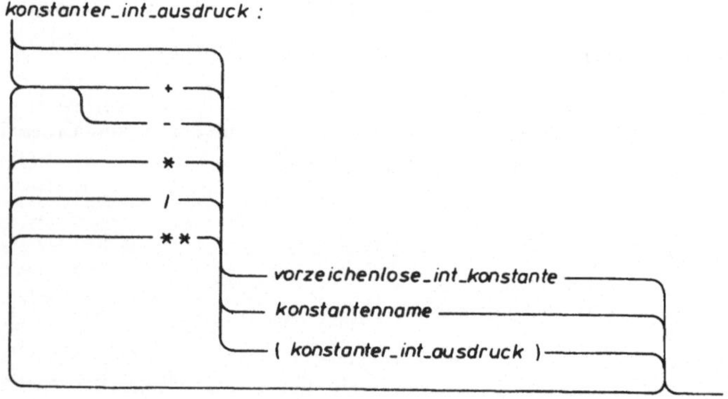


Eine benannte Konstante in einem konstanten INTEGER-Ausdruck muß vom Typ INTEGER sein.

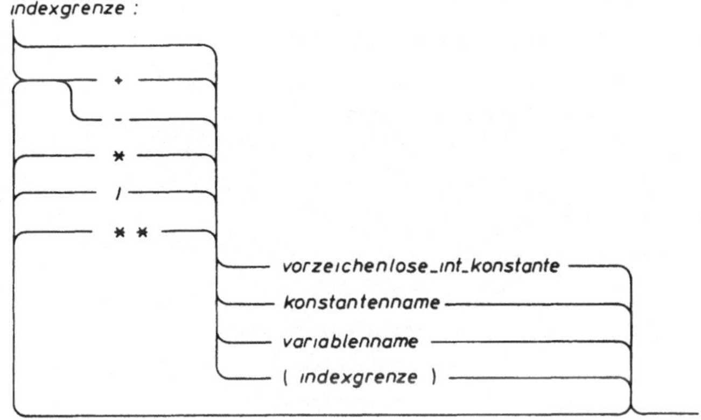

Jede Variable in einer Indexgrenze muß vom Typ INTEGER sein; eine solche Indexgrenze ist nur in einem formalen Feld oder in einer Felddefinition einer COMMON-Anweisung zulässig.

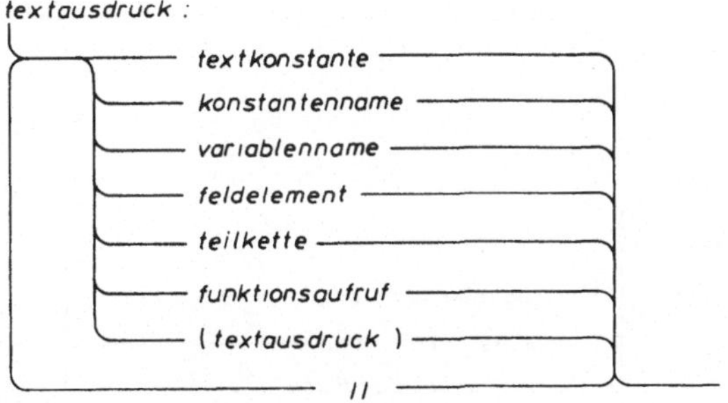

Die Operanden in einem Textausdruck müssen vom Typ CHARACTER sein.

*konstanter_textausdruck:*

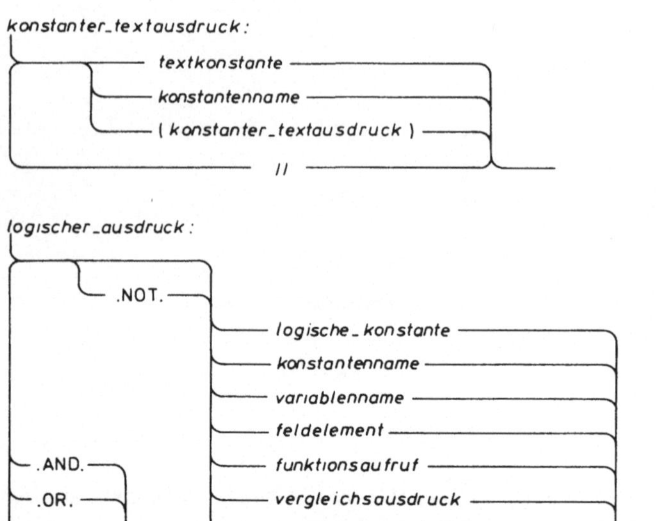

Die Operanden in einem Logischen Ausdruck müssen vom Typ LOGICAL sein.

*konstanter_logischer_ausdruck:*

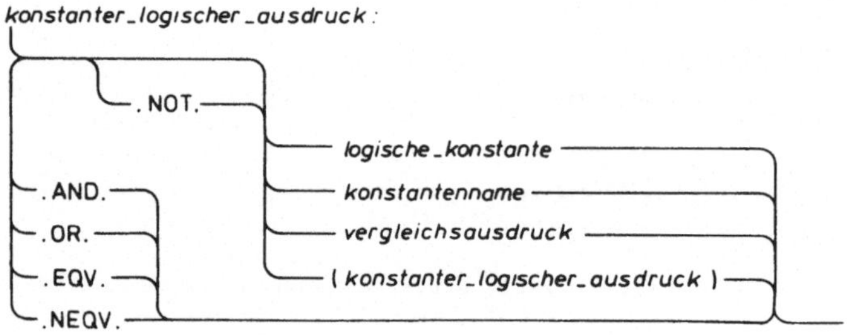

*vergleichsausdruck:*

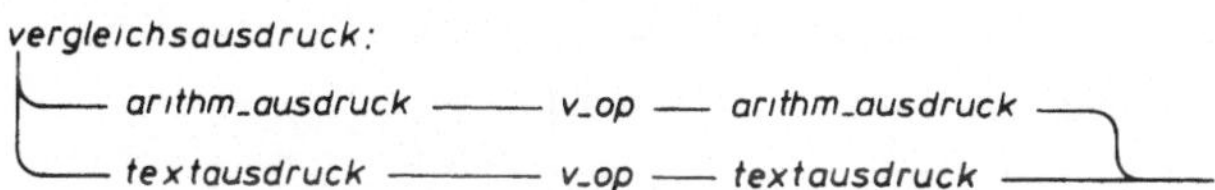

Ein arithmetischer Ausdruck vom Typ COMPLEX ist in einem Vergleichsausdruck nur mit den Vergleichsoperatoren .EQ. oder .NE. zulässig.

*v_op:*

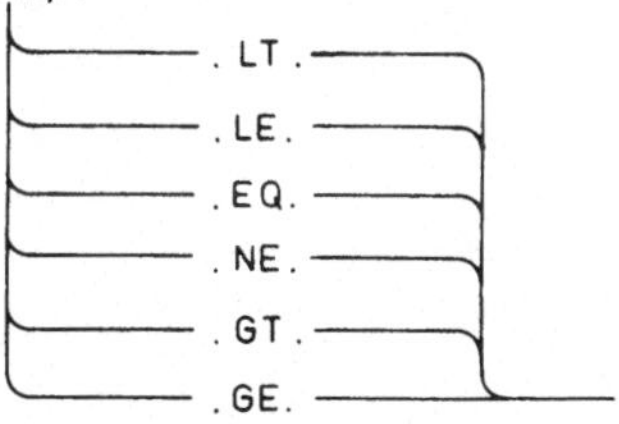

*feldelement:*

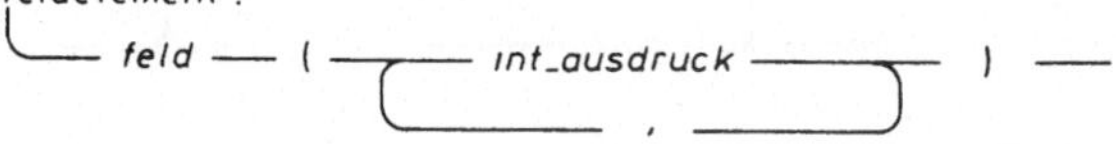

*teilkette:*

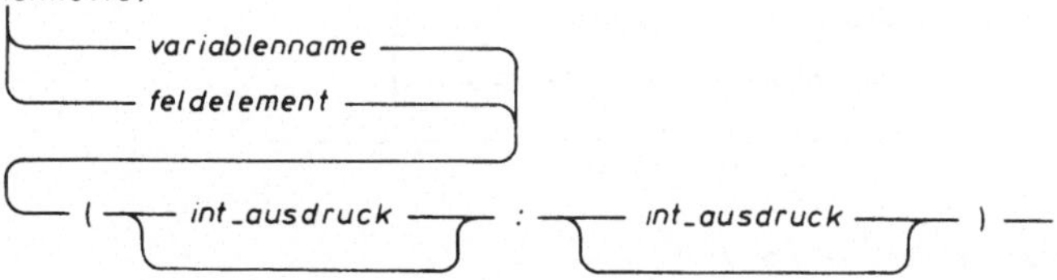

*prozedurname:*

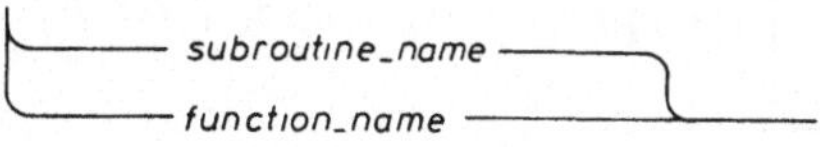

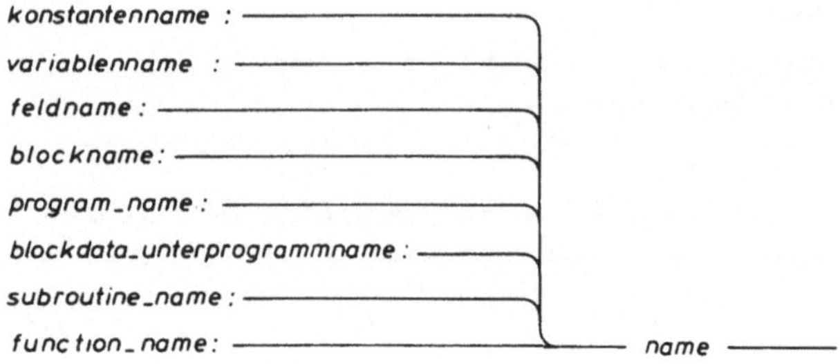

konstantenname : ─────────────

variablenname : ─────────────

feldname : ─────────────

blockname : ─────────────

program_name : ─────────────

blockdata_unterprogrammname : ─────

subroutine_name : ─────────────

function_name : ───────────── name ─────────

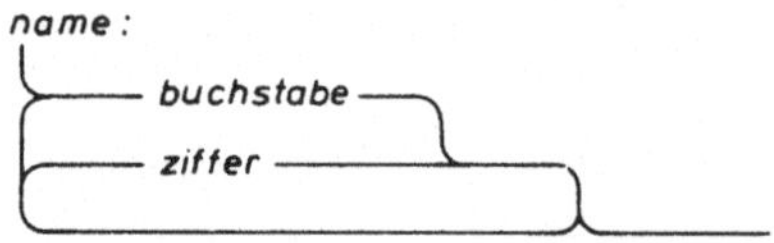

name :
  ├── buchstabe ──
  └── ziffer ──

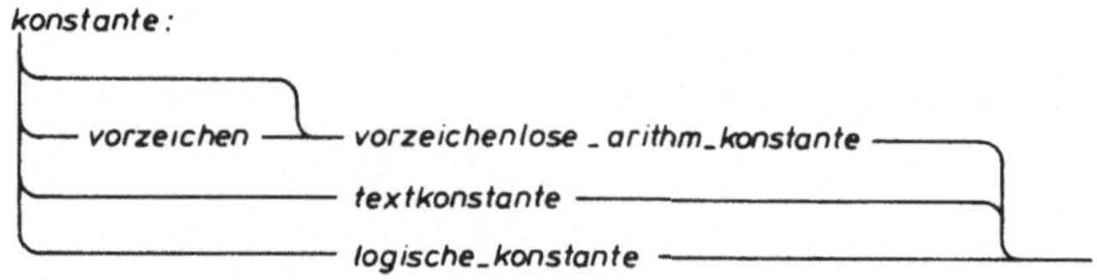

konstante :
  ├── vorzeichen ──┬── vorzeichenlose_arithm_konstante ──
  │          ├── textkonstante ──
  └────────────────── logische_konstante ──

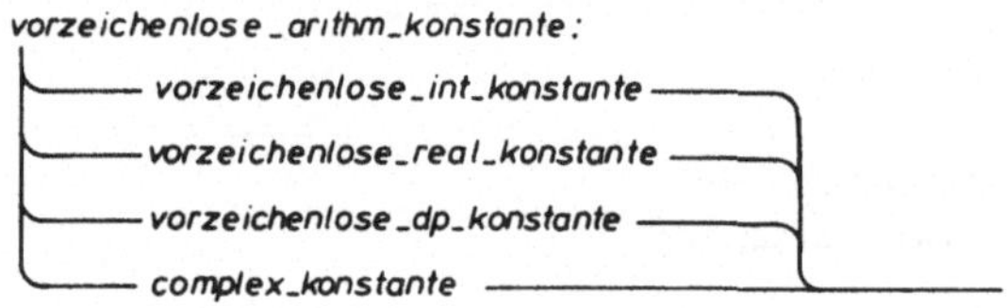

vorzeichenlose_arithm_konstante :
  ├── vorzeichenlose_int_konstante ──
  ├── vorzeichenlose_real_konstante ──
  ├── vorzeichenlose_dp_konstante ──
  └── complex_konstante ──

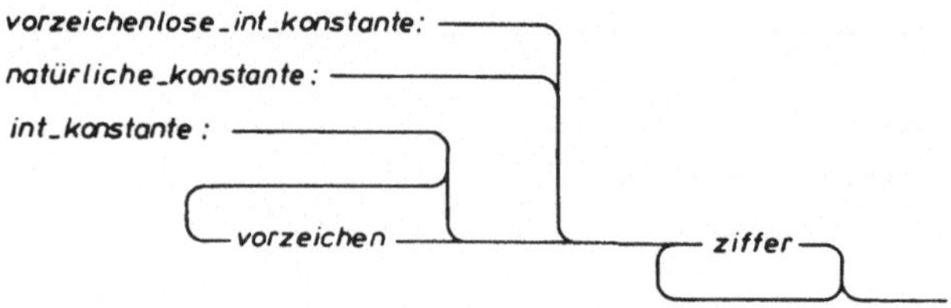

vorzeichenlose_int_konstante : ─────────────

natürliche_konstante : ─────────────

int_konstante : ─────────────
  └── vorzeichen ──
              └── ziffer ──

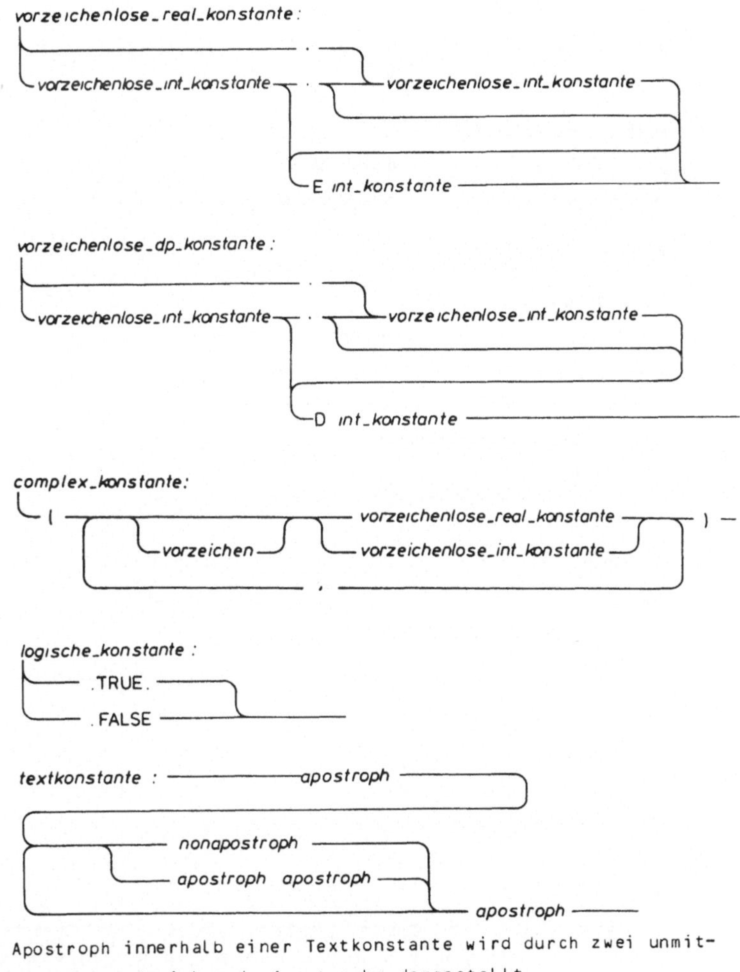



Ein Apostroph innerhalb einer Textkonstante wird durch zwei unmittelbar aufeinanderfolgende Apostrophe dargestellt.

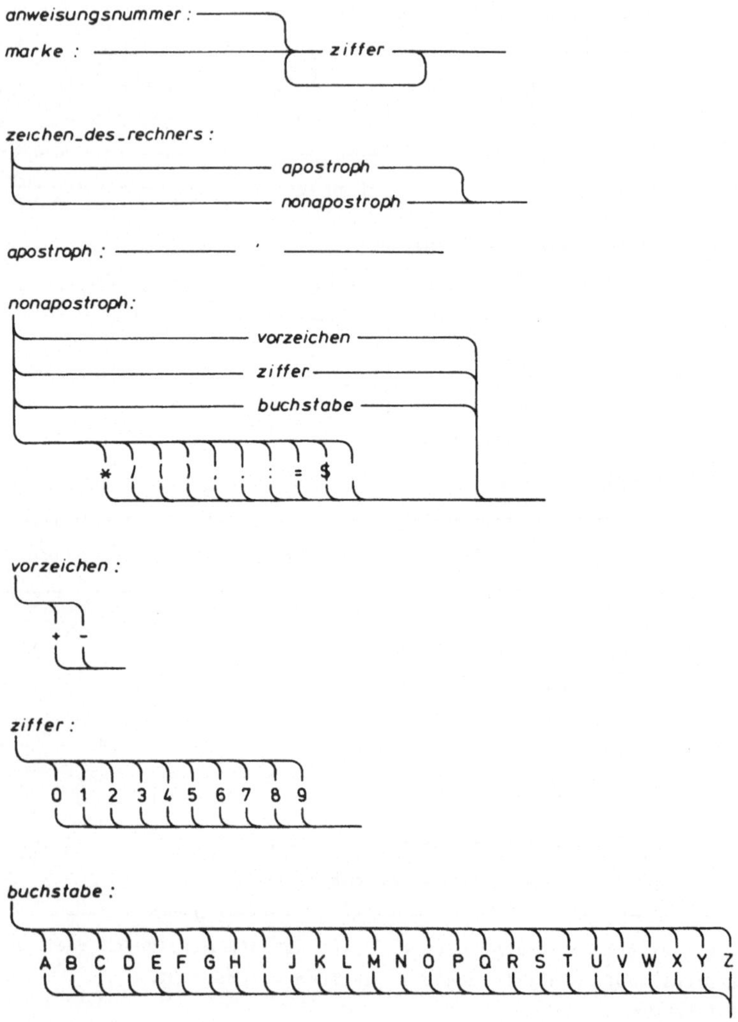

anweisungsnummer :

marke :

ziffer

zeichen_des_rechners :

apostroph

nonapostroph

apostroph :

'

nonapostroph:

vorzeichen

ziffer

buchstabe

* / ( ) , . ; : = $

vorzeichen :

+ -

ziffer :

0 1 2 3 4 5 6 7 8 9

buchstabe :

A B C D E F G H I J K L M N O P Q R S T U V W X Y Z

Das Leerzeichen ist ein Zeichen des Rechners. Neben den oben angegebenen Zeichen gehören im allgemeinen weitere Zeichen zur Menge
der Zeichen des Rechners.

## Literaturverzeichnis

[1]  American National Standards Institute, Inc.: Programming
     Language FORTRAN. ANSI X3.9-1978 (Revision of ANSI
     X3.9-1966). New York, N.Y. 1978

[2]  Brainerd, W. (ed.): FORTRAN 77. Communications of the ACM 21,
     800 - 820 (1978)

[3]  Brauch, W.: Programmierung mit FORTRAN. Stuttgart 1984

[4]  Control Data Corporation: FORTRAN, Version 5, Reference
     Manual 60481300. Sunnyvale, Cal. 1980

[5]  Deutsches Institut für Normung (DIN): Programmiersprache
     FORTRAN. DIN 66 027. Berlin 1980

[6]  Digital Equipment Corporation: VAX-11 FORTRAN Language
     Reference Manual. Maynard, Mass. 1980

[7]  Digital Equipment Corporation: VAX-11 FORTRAN User's Guide.
     Maynard, Mass. 1980

[8]  IBM: VS FORTRAN Application Programming: Language Reference
     GC26-3986-0. White Plains, N.Y. 1981

[9]  Knuth, D.E.: The Art of Computer Programming, Vol. 3:
     Sorting and Searching. Reading 1973

[10] Sperry Rand Corporation: Sperry Univac Series 1100 FORTRAN
     (ASCII) Level 10R1 Programmer Reference UP-8244.2. 1982

[11] Wagener, J.E.: FORTRAN 77 Principles of Programming.
     New York 1980

[12] Wehnes, H.: FORTRAN 77. München Wien 1981

Stichwortverzeichnis
--------------------

# Teubner Studienbücher

## Informatik

Berstel: **Transductions and Context-Free Languages**
278 Seiten. DM 42,– (LAMM)

Beth: **Verfahren der schnellen Fourier-Transformation**
316 Seiten. DM 36,– (LAMM)

Bolch/Akyildiz: **Analyse von Rechensystemen**
Analytische Methoden zur Leistungsbewertung und Leistungsvorhersage
269 Seiten. DM 29,80

Dal Cin: **Fehlertolerante Systeme**
206 Seiten. DM 25,80 (LAMM)

Ehrig et al.: **Universal Theory of Automata**
A Categorical Approach. 240 Seiten. DM 27,80

Gilci: **Principles of Continuous System Simulation**
Analog, Digital and Hybrid Simulation in a Computer Science Perspective
172 Seiten. DM 27,80 (LAMM)

Kupka/Wilsing: **Dialogsprachen**
168 Seiten. DM 22,80 (LAMM)

Maurer: **Datenstrukturen und Programmierverfahren**
222 Seiten. DM 28,80 (LAMM)

Oberschelp/Wille: **Mathematischer Einführungskurs für Informatiker**
Diskrete Strukturen. 236 Seiten. DM 24,80 (LAMM)

Paul: **Komplexitätstheorie**
247 Seiten. DM 27,80 (LAMM)

Richter: **Logikkalküle**
232 Seiten. DM 25,80 (LAMM)

Schlageter/Stucky: **Datenbanksysteme: Konzepte und Modelle**
2. Aufl. 368 Seiten. DM 36,– (LAMM)

Schnorr: **Rekursive Funktionen und ihre Komplexität**
191 Seiten. DM 25,80 (LAMM)

Spaniol: **Arithmetik in Rechenanlagen**
Logik und Entwurf. 208 Seiten. DM 25,80 (LAMM)

Vollmar: **Algorithmen in Zellularautomaten**
Eine Einführung. 192 Seiten. DM 25,80 (LAMM)

Weck: **Prinzipien und Realisierung von Betriebssystemen**
2. Aufl. 299 Seiten. DM 38,– (LAMM)

Wirth: **Compilerbau**
Eine Einführung. 4. Aufl. 117 Seiten. DM 18,80 (LAMM)

Wirth: **Systematisches Programmieren**
Eine Einführung. 5. Aufl. 160 Seiten. DM 25,80 (LAMM)

Preisänderungen vorbehalten